印象园博
IMPRESSION GARDEN EXPO

河北省第三届（邢台）园林博览会
THE 3RD (XINGTAI) GARDEN EXPO OF HEBEI PROVINCE

《印象园博——河北省第三届（邢台）园林博览会》编委会 编

中国林业出版社
·北京·

图书在版编目（CIP）数据

印象园博：河北省第三届（邢台）园林博览会 /
《印象园博：河北省第三届（邢台）园林博览会》编委
会编. -- 北京：中国林业出版社, 2020.6
　　ISBN 978-7-5219-0725-4

Ⅰ. ①印… Ⅱ. ①印… Ⅲ. ①园林－博览会－介绍－
邢台 Ⅳ. ①S68-282.223

中国版本图书馆CIP数据核字(2020)第136171号

《印象园博——河北省第三届（邢台）园林博览会》编委会

名誉主任： 康彦民　董晓宇
主　　任： 李贤明　张志峰
副 主 任： 朱卫荣　王　哲　郑占峰　王文龙　岳　晓
成　　员： 郭卫兵　梁　勇　王　跃　聂庆娟　朱新宇　王　旭　杨　凌

主　　编： 贺风春　朱卫荣　王　哲
副 主 编： 潘亦佳　沈贤成　岳　晓　朱新宇
编写人员： 姜志远　王书山　古校正　邹庆甲　李　军　黄晓蕊　汪　玥　杨家康　潘　静　刘仰峰　钱海峰
　　　　　　蒋　毅　周思瑶　冯美玲　周安忆　韩晓瑾　殷　新　刘亚飞　蒋书渊　杨　明　邵培云　史　悦
　　　　　　陆　敏　唐昕铭　陈　洁　常　红　贺智瑶　宋睿一　冯宇洲　宋春锋　肖　巾　徐　吉　徐昕佳
　　　　　　陈盈玉　余　炻　许　婕　张翀昊　张心韦　高怡嘉
视觉总监： 张晓鸣
图片提供： 张晓鸣　河北风景园林网　苗　伟

文字编辑： 贠　涵　李　娜　王岚岚　许　倩　郑红玉　王玉瑛　杨伟刚　郝彬彬　张　贵　李　清　崔京荣
美术编辑： 王　婷　刘　洋
策划执行： 北京山水风景科技发展有限公司

中国林业出版社·建筑家居分社
责任编辑：李　顺　王思源

出版：中国林业出版社（100009 北京西城区刘海胡同7号）
网站：http://www.forestry.gov.cn/lycb.html
印刷：北京博海升彩色印刷有限公司
发行：中国林业出版社
电话：（010）8314 3573
版次：2020年8月第1版
印次：2020年8月第1次
开本：1/16
印张：10.5
字数：200千字
定价：338.00元

前言
PREFACE

　　河北省第三届（邢台）园林博览会于 2019 年 8 月 28 在邢台盛大开幕，11 月 28 日顺利闭幕，以"太行名郡·园林生活"为主题，秉承生态环保、文化传承、创新引领、永续利用的原则，依托邢台悠久的历史文化和太行山得天独厚的自然资源，打造生态园博、文化园博、创新园博和民生园博的理念。

　　本届园博会选址在邢台城区的 14km² 中央生态公园内，即过去因采煤作业形成的 14km² 塌陷区，将建设园博园与邢东新区采煤沉陷区综合治理项目同步规划建设，修复生态，把昔日的采煤塌陷区打造成景色宜人的绿色生态景区。

　　由苏州园林设计院领衔设计的园博园，以"城市绿心·人文山水园"为设计理念，江南园林为主基调，融合太行山、古黄河、沙丘苑台遗址和山水园林格局，将古代与现代工艺技法相结合，体现历史文化的传承与发展。园区整体规划以"一核、两岸、五区、多园"为空间架构，其中"一核"即中国人文山水核；"两岸"即左岸为纯粹的花海山林，右岸为多样的城市滨水景观；"五区"是将园区分为 5 个区域，分别为燕赵风韵区、邢台怀古区、城市花园区、创意生活区和山水核心区，其中以将河北省最具代表性的地域景观串联展出的燕赵风韵区最具特色。"多园"则是在"五区"的基础上，在东方哲学体系的山水审美观指导下，营造出山水拥抱城市，城市与自然交融的现代城市发展形态。

　　本届园博会展园面积 308hm²，绿化面积 154hm²，有超过 100 种乔木品种，修复 106hm² 水域面积——邢台市借助举办园博会、建设园博园之际，进一步优化城市格局，用风景园林提升城市品位，带动地方生态发展，推进公园城市的建设进程，为人民创造优质的绿色公共空间，打造多彩邢台。

　　本届园博会的成功举办离不开奋战在一线的各界同仁，在此，对参加邢台园博园建设的相关工作人员表示感谢！

目 录
CONTENTS

前言 — 004
Preface

太行山水书写园林古韵 园博精神打造人文情怀 — 008
Taihang Scenery Shows the Classic Charm of Landscape Architecture
Spirit of Expo Creates Humanistic Feelings

010　河北省第三届（邢台）园林博览会综述
018　园区总体规划设计

生态修复促进绿色发展 多彩园林营造诗意生活 — 026
Ecological Restoration Promotes Green Development
Colorful Landscapes Create a Poetic Life

028　河北省第三届（邢台）园林博览会开幕式
032　河北省园林艺术馆
036　太行生态文明馆

精彩活动重现燕赵风韵 厚重历史引领文化传承 — 040
Wonderful Activities Reproduce the Charm of Yanzhao Region
Profound History Leads the Cultural Heritage

042　风景园林国际学术交流会
044　2019河北省大学生风景园林文化节
048　设计艺术专题学术交流会
050　河北园林人物系列专访
056　中国技能大赛·2019年河北省园林技能竞赛
058　河北省城市园林绿化工作座谈会
060　河北省第三届（邢台）园林博览会城市文化周
064　第三届旅发大会嘉宾观摩园博园暨"百家旅行社畅游园博园"
066　第二届太行山经济文化带建设交流会
068　2019中德产业交流合作（邢台）峰会暨中小企业品牌（邢台）创新中心授牌仪式
071　"百家媒体园博行"集中采访活动

072	母子公园和陈俊愉院士雕像揭幕仪式
074	2019年邢台市文化产业博览会
075	"我的园博我的家"系列百姓共享园博活动
076	2019环邢台国际公路自行车赛
078	第二届河北国际城市规划设计大赛

堤岛连横汇聚山水灵秀 亭槛台榭尽展江南风华　　　　　　　　　　　　　　082
Banks and Islands Show Beauty of Landscape
Pavilions Display the Charm of Jiangnan Elegance

084	石家庄园
088	张家口园
092	承德园
096	秦皇岛园
100	唐山园
104	廊坊园
108	保定园
112	沧州园
116	衡水园
120	邯郸园
124	定州园
128	辛集园

百泉鸳水绽放邢襄魅力 沙丘苑台遥仰古城记忆　　　　　　　　　　　　　　132
Baiquanyuanshui Expresses the Charm of Xingxiang
Shaqiuyuantai Recalls the Memory of the Ancient City

134	邢台园

假山叠瀑探寻山林泉趣 曲径通幽静观水波潋滟　　　　　　　　　　　　　　142
Explore Fun of Mountains and Rivers in Rockery and Cascades
Enjoy the Beauty of Water Pool at the End of a Quiet Winding Path

144	竹里馆
148	山水居
150	知春台
152	水心榭
154	留香阁
156	兰花别院
158	盆景园
160	滨湖公园
162	花雨巷
164	儿童主题乐园

太行明珠续写光辉历史 园博精神传承中华文明　　　　　　　　　　　　　　168
The Glorious History Continues Because of the Taihang Pearl
Chinese Civilization Moves Forward Because of Spirit of Expo

170	园博会闭幕式
174	园博园规划设计工作剪影
178	领导关怀
184	园博会会歌

01

太行山水书写园林古韵
园博精神打造人文情怀

TAIHANG SCENERY SHOWS THE CLASSIC
CHARM OF LANDSCAPE ARCHITECTURE
SPIRIT OF EXPO CREATES HUMANISTIC
FEELINGS

河北省第三届（邢台）园林博览会综述
Summary of the Third (Xingtai) Garden Expo of Hebei Province

2019年8月28日，河北省第三届（邢台）园林博览会暨第二届河北国际城市规划设计大赛在邢台正式拉开帷幕。本届园博会由河北省住房和城乡建设厅主办，邢台市人民政府承办，其他10个区市人民政府协办。园博会选址位于邢东新区中央生态公园东北部，紧邻中心城区的采煤塌陷区。园博会旨在突出"生态修复"主题，构建1km^{2}的大面积水面，与环城水系互联互通，打造采煤塌陷区综合治理新典范。项目总占地面积约306.7hm^2（4600亩），其中水系面积约106.7hm^2（1600亩）、绿化面积约154hm^2（2310亩），建筑总面积约18.7万㎡，建有一阁、双岭、两馆、四溪、七湖、九园以及13个城市展园。

本届园博会以"太行名郡·园林生活"为主题，"梦回太行，园来是江南"为副主题，秉承生态环保、文化传承、创新引领、永续利用的原则，依托邢台厚重的历史文化积淀和太行山优美的自然环境资源，倾心倾力将其打造成为中国园林经典传世之作。

图1

图2

图3

图4

河北省第三届（邢台）园林博览会
THE 3RD（XINGTAI）GARDEN EXPO OF HEBEI PROVINCE

图5

图6

图8

城市绿心·人文山水

园博园区由苏州园林设计院领衔设计,园区整体规划以"一核、两岸、五区、多园"为空间架构,按照功能分为燕赵风韵区、城市花园区、创意生活区、邢台怀古区、山水核心区。其中,燕赵风韵区以河北省最有代表性的地域景观串联展园,以湿地浅滩、平川畿辅、坝上雄关、滨海商埠四大景观,尽显燕赵风韵。城市花园区以花园水街、国际花园社区、国际儿童游乐设施展,彰显花园主题。创意生活区的太行文明馆和邢台怀古区的园林艺术馆独具特色、设计新颖,力求从自然、文化、历史多角度发掘和展示太行山文明,从专业视角将南北园林、古今景观碰撞结合,给人以很强的艺术冲击力,展现了"城市绿心·人文山水"的设计理念。

图7

会期举办多项活动

本届园博会期间举办了多项活动，内容涵盖政策、学术、文化创意、商业洽谈、产城融合多个方面。同时还有第二届河北国际城市规划设计大赛、中国园林艺术发展主题展、风景园林学术交流论坛、第二届太行山文化带交流会、2019年环邢台国际公路自行车赛、"我的园博我的家"系列百姓共享园博等精彩活动贯穿其中，给大家呈现了一场视觉、听觉和触觉的盛宴。

园博会期间，为进一步丰富群众文化生活，促进文化交流发展，邀请了河北省内各地市、邢台各县（市、区）在园博园主广场舞台举办具有邢台独特地域文化的活动，以"诗画园博，多彩城市"为统一主题的文化周活动，通过歌曲、舞蹈、地方民俗表演，充分展示了当地人文历史、发展成就。邢台园举行"非遗"戏曲演出、"非遗"手工技艺展示，知春台安排古筝、扬琴等民乐表演，竹里馆展示特色民俗文化展示，音乐广场安排音乐表演，丽翠湖、丽影湖安排旗袍秀等一系列文化活动，文化周活动共安排演出80余场。

图1 园博园概念图
图2 展园效果图
图3 园博园鸟瞰图
图4 平湖飞瀑
图5~6 展园效果图
图7 虹桥卧波效果图
图8 展园效果图
图9~10 中国技能大赛·2019年河北省园林技能竞赛
图11 祖乙迁邢

图10

图11

图12 园博会会徽
图13 园博会吉祥物
图14 5G智慧园博

地域特色显著的会徽和吉祥物

　　此次园博会会徽和吉祥物的设计灵感分别来自"河北"与"邢台",会徽以河北的"河"字为基础原型,引入长城、树叶、和平鸽、人、太阳等元素,组成天、地、人三象的整体,是"天人合一、人与自然和谐"的体现,构建了园博会"低碳、生态、智慧"的理念;金色的太阳普照河北大地,预示园博会的举办欣欣向荣,蒸蒸日上。吉祥物"牛牛"与"襄襄"选取牛为主形象,热情大方,活力十足,其设计灵感来自邢台的别称——卧牛城,体现邢台古韵以及3500年建城史的深厚底蕴。

图14

后园博时代未来可期

为把河北省第三届（邢台）园林博览会办成一届国内一流、特色鲜明、永不落幕的园林博览盛会，邢台市努力把此次园博会办成颇具燕赵特色、邢台特点的经典传世精品。这届园博园将成为邢台的"山水门户"，结合中央生态公园项目、太行山自然景观构建一条内容丰富的生态旅游带。依托园博园的良好生态环境，将重点引进一批以科创产业和文化产业为主导的新兴业态入驻，从而带动邢台科创文化产业发展的新格局。

此届园博会首次使用中国电信邢台分公司联合华为公司的5G技术，借助"云上邢台"云计算平台，融合大数据、人工智能、物联网等前沿科技，实现园博园智能化管理。

首创"无人驾驶"智能游客接驳服务。在南北游客入口5km范围内的一级园林主路上，沿规划路线循环行驶，并在行驶中可主动避让行人或意外物体，让游客真切体验智慧交通的乐趣。

"5G园博"实现高清沉浸式互动游园体验服务。在本次园博园及邢台东站所相关区域建设5G基站15个，在"太行文明馆"、"园林山水馆"等特色地标场馆中利用最新AR/VR等技术手段，让游客互动体验到奇幻乐趣，包括：园博会开/闭幕式8K高清视频直播、放飞许愿灯、吹散蒲公英等内容。

河北省第三届（邢台）园林博览会集中展示了中国优秀传统园林艺术的文化内涵和艺术魅力，进而提升了城市的风景价值、游憩价值、产业价值和美誉度，推动了公园城市的建设进程，建设美丽邢台。

园区总体规划设计
Overall Plan Design of the Park

中国园林作为中华民族之瑰宝，几乎已成为中国文化中最具代表性的内容之一，可以说中国古代的造园者们是最有景观意识的建筑师，同时也是最有建筑意识的景观设计师。

本届园博园以山水布局为核心，形成两岸环抱的态势，以展现中国园林基因为命题，基于园林视角下的建筑创作为设计目标，将园林基因与景观意识融入建筑设计中。

展区规划

展园为园博园的主体部分，本次园博园展园由五大块组成，分别为城市展园区、创意展园区、花园展园区、专类展园区、邢台展园区，沿园路主要由园区的游览系统依次展开。北侧紧邻主入口的城市展园区与南入口的邢台展园区遥相呼应，共同构成当地城市展园，成为展示河北地域文化的重要载体。专类展园区旨在展示地域特色植物。创意展园区、花园展园区以趣味性、创意性、互动性、体验性为特色。

邢台展园区

庄重的历史溯源之轴，联系着生机勃发的新城以及尽端那隐喻着沙丘苑台的园林艺术馆，以低调、厚重又饱含故事的姿态为人们开启一个精彩的园林历史之旅。读完厚重的历史，转眼就进入灵秀优美的邢台文化展区，它用现代设计语言展示着"盛世邢台——顺德府城"时期的神韵和风貌，带着人们回顾历史的同时，描绘着新时代园林生活的可能性。

图1

城市展园区

以城市展园为载体,展示"燕风赵韵"的风采。河北省城市展园,以花海为背景,根据城市北部、中部、南部的地理位置组织平面布局。南侧梅岭为北方最大的梅园,形成全园的山林背景,沿着主要动线布置山水居、留香阁、香雪斋等文化主题节点。

图1 园区规划设计
图2 日朗风清
图3 展园效果图
图4 园区水景
图5 园内小亭
图6 展园效果图

图2

图4

图5

创意展园区

创意展园区突出公共空间创意节点及特色植物风景景观，入口花海景观楔形嵌入场地，以行云流水般的流线形态深入场地内部。花海连接至花谷，延伸出花溪，人群身处花海波浪之中，视线越过花海，开阔的水面景观便会映入眼帘。花海两侧展园依次布置，花海以西开满鲜花的院子、国际风格展园依次展开，花海以东太行生态文明馆滨水布置。南侧一处开敞的绿地空间、儿童活动场成为该区块最具人气与活力的场所。

图6

花园展园区

滨湖公园景观带以开放性公共空间为主,兼顾入口形象展示功能。园区内集合了密林组团、开敞草坪、台地草坡、湿地栈道、滨水看台等不同类型的空间,既给人们提供了丰富的休闲活动场所,又提供了多样的驳岸形式。该区域内布置彩虹隧道、亲水码头、儿童活动场等休憩节点,场地内水绿交融,实现了城市空间到园林空间的自然过渡。

山水核心区

山水核心区也就是专类展园区,位于园博园东部区域,水环山抱,充分体现了"园林之源"旷达深远的自然之美。主湖面一湖碧水、粼粼波光,如图画般展开的湖山胜景尽收眼底;南眺,烟柳画桥,风帘翠幕,山岛林荫匝地,水岸藤萝粉披;东南部的次水面宛转于亭榭廊槛,清雅秀丽,与南部城市泉北大街无缝对接,让山水拥抱城市,让城市融入自然。

图7

图8

图7 坐春望月
图8 唐风阁
图9 展园鸟瞰图
图10 园区小筑
图11 特色跌水

Impression Garden Expo | 印象园博 23

布局灵活

传统园林的选址为追求景观效果往往会结合地形布置，有时在曲折的水岸边，有时在复杂的山地上，组合式的园林建筑布局灵活，可以适应各种地形。而园博会中展示的建筑因其特殊的展示需求尤为需要这种灵活布局。

本届园博会系列建筑中盆景园及兰花别院是组合型建筑的代表。盆景园灵感来源于传统博古架，将建筑空间与场地相互结合作为展示平台，形成纵横交错，曲折婉转，空间多变的独特建筑布局，从多视角多方面展示不同的盆景品类，使游人得到"一步一景皆心动，处处风景皆不同"的游览体验。兰花别院则位于湖面东北部半岛，与周边地块通过桥堤相连，采用了江南庭院式的建筑风格，充分利用其临水优势打造一个曲径通幽、水波潋滟、庭院隐现的园林式别院。

园博园在各个建筑墙身的处理上也运用了这种形式。结合各类建筑需求，园林建筑的槅扇运用了多种表现手法，有折叠的门窗、通透的幕墙、活动的百叶、镂空的砖墙、或疏或密的格栅。而游廊更是在各类建筑中起着沟通组合关系并承担游览路线的重要功能。

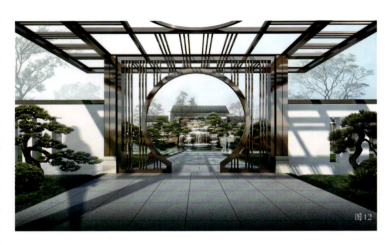

图12

取传统博古架之架构·融苏州园林之底蕴
纵横交错，分隔有度，曲折婉转，空间多变

图13

图14

桥梁设计

园博园内共有桥梁22座,主要划归为3大区域:现代板块区、江南板块区以及邢台板块区。

现代板块6座桥梁以太行生态文明馆为主要中心发散分布,凸显现代特色,桥名则延续花海意境的唯美浪漫。江南板块9座桥梁的命名及形态特征充分体现并传承江南特色,主要体现山水核心特色,营造山水意境之体验。邢台板块7座桥的命名及形态充分彰显邢台特色,独具怀古情怀。

河北省第三届(邢台)园林博览会的设计愿景是"创中国园林溯源之作,传优秀文化城市遗产,立北国生态绿色标杆",为市民营造诗意生活新享受,为生态文明建设提供新动力,努力成就中国园林传世经典。

图12 盆景园入口效果图
图13 博古架概念
图14 展园鸟瞰图
图15~17 虹桥卧波

02

生态修复促进绿色发展
多彩园林营造诗意生活

ECOLOGICAL RESTORATION PROMOTES
GREEN DEVELOPMENT
COLORFUL LANDSCAPES CREATE A
POETIC LIFE

河北省第三届（邢台）园林博览会
THE 3RD（XINGTAI）GARDEN EXPO OF HEBEI PROVINCE

河北省第三届（邢台）园林博览会开幕式
The Opening Ceremony Of The 3rd (Xingtai) Garden Expo Of Hebei Province

初秋时节，邢台园博园水秀广场凉风习习，丽影湖水碧波荡漾。2019年8月28日上午，河北省第三届（邢台）园林博览会暨第二届河北国际城市规划设计大赛在邢台市盛大开幕。

省委书记、省人大常委会主任王东峰，省长许勤特发来贺信。省委副书记赵一德出席开幕式并宣布开幕。住房和城乡建设部原副部长、中国城市规划协会名誉会长赵宝江，中国科学院院士、自然资源部科技委副主任李廷栋，中国工程院院士、亚洲园林协会名誉主席卢耀如，中国工程院院士、东南大学城市设计研究中心主任王建国，省人大常委会副主任王会勇，副省长张古江，省政协副主席苏银增，秦皇岛市委书记朱政学，邢台市委副书记、市长董晓宇，邢台市委副书记宋华英，邢台市人大常委会主任魏吉平，邢台市政协主席邱文双等出席开幕式。省住房和城乡建设厅厅长康彦民主持开幕式。

王东峰、许勤代表省委、省政府向河北省第三届（邢台）园林博览会暨第二届河北国际城市规划设计大赛开幕表示祝贺，向出席开幕式的各位嘉宾和各界人士表示欢迎和感谢。王东峰、许勤在贺信中说，园林作为传统文化与生态文明的有机结合，是人与自然沟通的世界性语言，提高城市园林绿化水平，对于改善人居环境，提升城市品位具有重要意义。城市规划在城市发展中起着重要引领作用，高起点、高标准、高水平搞好城市规划设计，必将加快河北新型城镇化与城乡统筹示范区建设步伐。

王东峰、许勤希望，河北省第三届（邢台）园林博览会暨第二届河北国际城市规划设计大赛充分展示园林创新成果，传播生态文明和绿色发展理念，动员全省上下尊重自然、融入自然，共同建设美丽家园；围绕"未来之城"主题开展竞技，置身京津冀协同发展大格局，充分体现城市精神，展现城市特色，提升城市魅力，为建设以首都为核心的世界级城市群增光添彩。希望与会各界人士以这次大会为平台，加强交流与合作，为提高生态环境质量水平，建设现代化宜居城市贡献智慧和力量，共同推动新时代全面建设经济强省、美丽河北不断开创新局面。

受住房和城乡建设部领导委托，赵宝江向"一会一赛"开幕表示祝贺。他在致辞中说，园林绿化是生态文明建设、坚定文化自信、弘扬传统文化、践行以人民为中心的发展思想的重要组成部分，是推动尊重自然、融入自然、追求美好生活的重要载体，也是推动形成绿色发展和绿色生活方式的重要手段。河北省委、省政府高度重视城市园林绿化事业，持续举办河北省园林博览会和城市规划设计大赛，这是贯彻落实习近平生态文明思想和新发展理念的具体体现。希望河北省坚持传承与创新并重，继续办

图1

图2

河北省第三届（邢台）园林博览会
THE 3RD (XINGTAI) GARDEN EXPO OF HEBEI PROVINCE

图3

好园林博览会和城市规划设计大赛，展示河北园林最新发展成就，不断提高城市规划设计水平，为推动城市绿色发展、建设美丽中国作出更大贡献。

张古江在讲话中指出，这次"一会一赛"在邢台举办，有着"园林溯源"的特殊意义。本届园博会用生态修复的手法，将昔日的采煤塌陷区打造为层林尽染、蓝绿交融、鸟语花香的展园，打造了新邢台建设公园城市的雏形，展现了新时代河北园林发展的新成就。城市规划设计大赛，以"未来之城"为主题，邀请国内外顶尖大师团队，对邢东片区规划及重要单体建筑设计展开竞技，为打造城市发展新引擎、建设生态人文未来之城提供了新思路。希望省园博会组委会和大赛承办单位认真落实省委、省政府要求，精彩办会、节俭办会、安全办会、廉洁办会，精心组织好各项活动，充分展示园林创新成果，传播生态文明和绿色发展理念，努力把园博会办成百姓身边的盛会。要以赛为媒、增进交流，把城市规划设计大赛打造成精品赛事。

市委书记朱政学向与会嘉宾介绍了"一会一赛"总体情况。他说，本届园博会的展园建设一要突出"公园城市"的理念，实现公园形态和城市空间的有机融合，着力把"城市中的公园"升级为"公园中的城市"，为人民群众提供优质的绿色公共空间；二要突出"生态治理"的理念，与邢东煤矿塌陷区治理同步规划、同步开发、同步建设，为采煤塌陷区综合治

理提供邢台方案；三要突出"文化传承"的理念，以江南园林为主基调，融合太行山、古黄河、沙丘苑台遗址和山水园林格局，构建多元文化场景和特色文化载体，彰显邢台的城市性格和气质；四要突出"以人为本"的理念，建成后将极大提升邢台市主城区的公共服务能力。

本届园博会由省住房和城乡建设厅主办、邢台市政府承办，以"太行名郡·园林生活"为主题，以"生态园博、人文园博、智慧园博"为目标，坚持世界眼光、国内一流、邢台特色。园博会展园面积308hm²，建有一阁、双岭、两馆、四溪、七湖、九园以及13个城市展园。

会期从8月28日持续至11月28日，期间也举办了多项活动。与园博会同期举办的第二届河北国际城市规划设计大赛，包含邢东新区城市设计国际大师邀请赛、邢台大剧院建筑设计国际竞赛、邢台科技馆建筑设计国际竞赛以及第二届Q-CITY国际大学生设计竞赛等4项赛事。

图1 开幕式入口
图2 开幕式现场
图3 领导一行参观园林艺术馆
图4 出席开幕式领导
图5 现场嘉宾云集

河北省园林艺术馆
Hebei Landscape Art Hall

河北省园林艺术馆是第三届河北省园林博览会主展馆，位于南入口轴线上，形为台，外为城，内为园。建筑总面积6800.5㎡，室内展览空间约为3920㎡，室外展览及庭院约为2440㎡。

南入口大门轴线上陈列着《祖乙迁邢》组群雕塑，其由近百个人物、20多匹马匹、若干器具构成，表达了《迁邢》这一主题，刻画了祖乙皇帝、文武大臣及普通百姓的生动形象，展示了中国历史上无数次迁都事件中的一个经典画面。这组群雕由一长串纵向方阵组成，分为：《仪仗》、《皇权》、《护鼎》、《百姓迁徙》四个组团。

园林艺术馆在满足基本展览空间的同时，于庭院中将南北园林、古今景观碰撞结合，呼应展馆"外为城，内为园"的立意。建筑整体外观似立于浅水之上，其形为台，寓意人的一种精神堡垒。

这座展馆在设计上有着深厚的文化背景。中国园林萌发于商周，成熟于唐宋，发达于明清。地域上来说，邢台市位于河北省中南部，太行山脉南段东麓。邢台居中，中国园林往南盛于江南，往北盛于皇家。邢台为苑囿发源地，造园始于商周，其时称之为囿。"仁者乐山，智者乐水"，北方城市对山水的热爱与追求自古根深蒂固，邢台古十二景中包含山水的景致就十分丰富。

园林艺术馆设计中环形外形表示历史轮回，实体以囿、台、丘等隐喻唤醒历史记忆，以传统北方建筑要素感怀邢台悠久历史。造型上起伏有如山川，绕水有如河流，可见山环水绕。点缀园林景致，同样唤醒历史记忆。展陈大纲的撰写由北京林业大学孟兆祯院士、李雄副校长领衔完成，确保了展陈效果和行业权威。

设计理念上，园林艺术馆建筑风格既体现邢台城市历史文化风格也融入了现代主义的理性空间，重新追寻技术美与人情味的和谐统一。

图1

河北省第三届（邢台）园林博览会
THE 3RD (XINGTAI) GARDEN EXPO OF HEBEI PROVINCE

图1 主建筑
图2 鸟瞰图
图3《祖乙迁邢》雕塑
图4~6 内部建筑
图7 夜间灯光展

图4

图5

图6

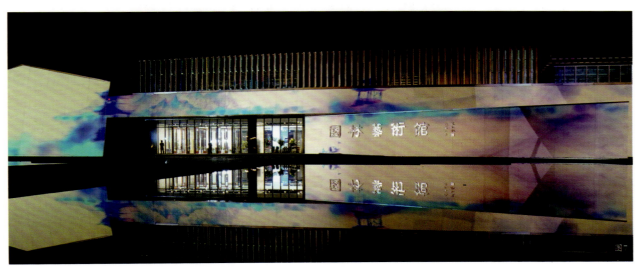
图7

河北省第三届（邢台）园林博览会
THE 3RD（XINGTAI）GARDEN EXPO OF HEBEI PROVINCE

图1

太行生态文明馆
Taihang Mountain Civilization Hall

　　太行生态文明馆位于园内中心湖西北侧，由河北省建筑大师、河北省建筑设计研究院副院长郭卫兵带领团队进行方案设计创作。太行文明馆是山水核心区的起点，与竹里馆隔水相望，是本届园林博览会主场馆之一，担负河北省第三届（邢台）园林博览会开闭幕式、主题展览、花卉展陈等多项重任，总建筑面积17700㎡。

　　太行生态文明馆的设计从自然、文化、历史多角度发掘太行山文明，将空间组织、功能规划、外观、使用舒适性等专业知识运用到建筑设计中，秉承经济性原则，最大化利用展陈空间，使用环保材料合理布局，以质朴的形式凸显个性明显的内容主题。建筑模拟太行山原始生态地貌，采用"地景式建筑"设计手法，整体造型北高南低，起伏转折，简洁有力，表现太行山脉气势雄浑、清庚苍劲的特点。

　　太行生态文明馆坚持低碳环保、绿色节能的设计理念，采取多种新型技术。建筑内选用废料再生的再造石装饰墙板，节约资源，减少污染。屋面绿化采用中卉容器式轻型屋顶绿化技术，大幅度降低屋顶荷载，满足多种植物搭配设计要求，丰富景观层次，施工完成后即达到景观绿化效果。

　　建筑以开敞的姿态面向湖面，通过坡形屋顶种植绿化与屋顶景观平台，加强建筑与湖面及周围景观共生与互动。结合功能需求，在不同高度设计入口广场、建筑室内空间、景观平台、屋顶步道、沿湖观赏区等空间，形成一个连续的游览路线，模糊了建筑与环境的界限，使建筑和环境融为一体，为游客带来丰富的观赏体验。

河北省第三届（邢台）园林博览会
THE 3RD (XINGTAI) GARDEN EXPO OF HEBEI PROVINCE

图1 馆外水景
图2 夕阳下的太行生态文明馆
图3 馆外雕塑
图4 鸟瞰图

03

精彩活动重现燕赵风韵
厚重历史引领文化传承

WONDERFUL ACTIVITIES REPRODUCE
THE CHARM OF YANZHAO REGION
PROFOUND HISTORY LEADS THE
CULTURAL HERITAGE

风景园林国际学术交流会
International Academic Exchange Conference of Landscape Architecture

2019年8月28日园博会盛大开幕后，作为开幕式活动的重要论坛，风景园林国际学术交流会在邢台万峰大酒店隆重举行。众多院士、国际组织领导、国际大师及国内外专家学者相聚一堂，就文化景观与城市发展之路，公园城市、人居环境的景观设计与实践进行交流研讨。600位国内外嘉宾参会，共同见证这场精彩的学术盛宴。

邢台市市长董晓宇向参会专家们表示欢迎。他表示，举办风景园林学术交流会，对于加强国内外园林绿化交流与合作具有十分重要意义，这次学术交流会必将成为风景园林文化融汇交流的盛会，成为邢台旅游事业传播发展的盛会，成为邢台人民与各地朋友合作共赢的盛会，希望大家为邢台的发展，为河北的腾飞献计献策，搭建共享、合作、共赢的平台，推进风景园林事

图1 会议现场
图2 嘉宾签到
图3 董晓宇市长致辞
图4~7 专家演讲

业持续健康发展。

当天，中国工程院院士、亚洲园林协会名誉主席卢耀如，国务院参事、北京市园林局原副局长刘秀晨，英国Arup集团董事、联合国环境规划署项目主任Justin Abbott，WCCO国际联盟专家、原G20杭州峰会艺术指导委员会主任张建庭，中国风景园林学会副理事长强健，英国Grant Associates设计总监Stefaan Lambreghts等也发表了关于公园城市的主旨演讲。

29日，分别举行了"人居环境"和"文化景观与城市发展"两场主旨论坛。来自英国、德国、日本、新加坡等国，华中科技大学、合肥工业大学、中央美术学院等高校，以及多家知名企业的近20位专家分享新理念，展示新案例，为邢台市和河北省风景园林建设与未来城市发展提供了许多有益的启示。

2019河北省大学生风景园林文化节
Uni Students Landscape Cultural Festival 2019, Hebei

2019年10月21~22日,由河北省住房和城乡建设厅、省教育厅、共青团河北省委、邢台市政府主办的2019年河北省大学生风景园林文化节在邢台拉开帷幕。文化节主题为"凝聚青年之力,筑梦美丽中国",活动时间从2019年10月下旬持续至11月中旬。文化节期间开展了大学生风景园林微视频创作大赛、园博园设计师校园巡讲、展园设计高校巡展、园博会校园推广大使评选、大学生优秀设计评选等系列活动。

河北省住房和城乡建设厅副厅长李贤明出席了21日举行的2019年河北省园林绿化人才培养研讨会暨河北省大学生风景园林文化节启动仪式并讲话。中国风景名胜区协会副会长、住房和城乡建设部城建司原副巡视员曹南燕,河北省教育厅副厅长王廷山,团省委学校部部长郭荣辉,邢台学院副院长王自力等领导出席启动仪式。启动仪式上为22位园博会校园推广大使颁发了荣誉证书。省内相关高校负责人及师生代表、各市园林绿化主管部门分管领导、人事部门负责人、省内园林企业负责人、省第三届园博会校园推广大使、驻邢高校师生代表参加启动仪式,就园林绿化人才培养进行深入交流,并参观园博园。

北京林业大学园林学院副院长刘志成、天津大学建筑学院教授刘庭风、河北省风景园林学会副理事长郑占峰、河北农业大学园林与旅游学院

图1

图2

图3

院长黄大庄、石家庄铁道大学建筑与艺术学院院长武勇出席启动仪式，并在2019年河北省园林绿化人才培养研讨会上，就园林绿化人才培养与河北省园林绿化人才体系建设和园林教育对策作专题报告。

11月20日，文化节闭幕式暨颁奖典礼在邢台学院音乐厅举行。70名获奖师生代表和400多名驻邢高校大学生参加闭幕式。闭幕式上，对2019年河北省大学生风景园林微视频创作、2019年河北省大学生优秀设计进行评选，以及对文化节优秀组织单位和个人进行通报表扬，为获奖代表颁发荣誉证书。一个月以来，高校学生走进园博会，园林艺术深入校园。大学生风景园林文化节已成为园博会与高校之间的桥梁，成为展示高校学子新时代风采和担当的平台和传播园林文化和绿色发展理念的窗口。仪式结束后，邢台学院音乐学院师生进行了精彩的文艺演出。

图1 启动仪式上的文艺表演
图2 为园博会校园推广大使颁发荣誉证书
图3 闭幕式文艺演出
图4 文化节启动仪式
图5~6 校园巡讲
图7~8 校园巡展

图5

图6

图4

图7

图8

设计艺术专题学术交流会
Design Art Symposium

引领时代和市场的设计,不仅会影响市民的生活方式与生活态度,更能折射出一座城市的创新水平。2019年11月17日,河北省第三届(邢台)园林博览会——"设计激活城市"设计艺术专题学术交流会在邢台万峰大酒店举行,数百参会者共同见证了一场精彩的设计艺术交流盛宴。

交流会由园博园首席规划师、河北省风景园林学会副理事长郑占峰和河北省城市园林绿化服务中心主任王哲主持。中国风景名胜区协会副会长、住房和城乡建设部风景园林专家委员会委员、住房和城乡建设部城建司原副巡视员曹南燕女士回顾了国内各地园博园的发展概况,分析探讨了园博园的功能和作用,并对园博会的未来进行了展望。苏州园林设计院院长贺风春女士介绍了邢台园博园在规划设计中传承东方哲学体系山水审美观和艺术观的设计理念,充分利用植物造景设计理念,展现园林的科学性与艺术性,努力打造新时代风景园林经典传世精品。

河北省第三届园林博览会的建筑设计师、规划师、雕塑设计师、展园设计师等行业专家,共同分享和探讨设计艺术,为园博园建设运营、为城市创新转型服务,实现高质量发展和新时代的振兴献计献策。国内知名高校和设计机构的多位专家,分别做了关于园林景观、设计艺术、空间创新表达等方面的讲座。最后,还进行了一场主题为"向经典致敬"的省园博会经验交流座谈对话。

图1 交流会现场
图2 会议现场

河北省第三届（邢台）园林博览会
THE 3RD (XINGTAI) GARDEN EXPO OF HEBEI PROVINCE

河北园林人物系列专访
Interviews of Landscape Experts in Hebei

"向经典致敬"河北园林人物系列专访是河北风景园林网与《河北建筑装饰》杂志2019年推出的系列专题栏目，也是河北省第三届（邢台）园林博览会的一项主题活动，由河北省第三届园林博览会总规划师、中国风景园林学会规划设计分会副理事长郑占峰和河北省住房和城乡建设厅朱卫荣处长总策划，目的是通过访谈、拍摄纪录短片等形式向为河北省风景园林事业做出贡献的老领导、老专家们致敬。采访的重点是围绕他们亲历的工作，多维度、多角度的回顾、感悟和展望河北省风景园林事业，深入挖掘河北风景园林事业发展的历史和被采访者对行业的贡献。

"脚踏实地埋头干，换得燕赵满城芳"

河北省住房和城乡建设厅
城建处原调研员
王庆

作为河北省风景园林事业的主要开拓者、参与者、见证者，与齐思忱、杨淑秋、阎文虎等老一辈园林人一起构筑起河北省风景园林事业的"四梁八柱"。不忘初心，用脚步丈量河北的山川城乡，将一辈子的热忱都奉献给为之热爱的事业。执着专注，将河北风景园林发展作为一生的探求，参与见证了河北风景园林事业从微弱到强大、从散乱到系统的全过程。耄耋之年，依然在为河北风景园林事业发挥余热。

1975年前后，王庆组织开展了全民义务植树、河北省城市容貌综合治理"燕赵杯"竞赛等活动。1995年制定出台河北省历史上第一个园林绿化专项法规。1984年7月，召开了省长、省委副书记参加的全省城市绿化美化工作会议，成为河北省有史以来最高规格的工作会议。1985年组织了全省城市园林绿化普查，1987年组织了全省风景名胜资源普查。退休后筹建河北省风景园林学会。与齐思忱一起创建《河北园林》，组织编写《河北省城市园林植物应用指南》《河北近代园林史》等。1980年，组织推动在河北林学院成立园林专业。

"力推保定园林蓬勃发展，心系中国园林艺术传承"

保定市园林事业的开拓者，力促园林事业打开新局面，进而实现行业蓬勃发展；保定市传统园林的传承者，继承和发扬传统园林的艺术手法，将植物造景与园林艺术相结合的方式运用到公园建设中；保定市园林人才的输送者，培养了一大批园林技能人才，为保定市园林事业发展奠定了人才基础。

1959年，杨淑秋从北京林学院（现为北京林业大学）毕业后留校，1980年调到保定市园林处（后改为园林局），先后任技术员、科长、处长（局长）、总工程师。退休后，到河北大学环境艺术学院任教。1985年保定市风景园林学会正式成立，任理事长。

在保定建成第一个开放式小绿地，以道路绿化搭建起城市的绿化骨架。成立园林设计所，按照规范设计流程，完成了多项道路、公园、居住区的绿化设计。成立园林技校，亲自设计课程，培训的学员成为保定园林界的骨干力量。组织成立园林科研小组，先后开展多项课题研究。先后成立了市园林学会和花卉协会。主持设计、建设保定市竞秀公园，后被评为全国名园。

保定市园林绿化管理局
原总工程师
杨淑秋

"河北园林高等教育开创者，野生植物研究追梦人"

河北现代风景园林高等教育创办人，一手筹备建立了河北省第一个园林绿化专业，一辈子从事园林教学工作，为河北园林事业培养了大批人才；专注于野生植物资源研究，足迹踏遍河北的山林乡野，摸清了河北野生植物资源的"家底"，对各种野生植物了如指掌。提出利用本土植物进行园林绿化建设，用植物彰显一个地方的园林特色。

1964年北京林学院（现为北京林业大学）毕业后分配到四川工作，1975年调至位于易县清西陵的河北林业专科学校（后并入河北农业大学）从事园林教学工作，一直到1998年退休。自1980年开始，阎文虎和同事克服种种困难，筹备创立河北园林绿化专业，1986年正式开始招生，开启了河北省现代风景园林高等教育的新时代。

为提高园林专业老师的教学水平，积极从全国各个园林院校"挖人"，送年轻老师外出学习深造。之后，河北园林绿化专业快速发展，师资力量、教材设备、教学水平、传媒手段，都有了飞跃式提高。学生遍布河北园林企事业单位，大多成为河北园林建设的骨干力量，有不少人还步入到领导岗位。

河北农业大学原教授
阎文虎

"城市为家逐梦园林，脚踏实地造福一方"

石家庄市园林局原副局长
艾书香

毕业于北京林学院（现北京林业大学）林业系。先后任职石家庄市园林局绿化队副队长、园林局副局长、石家庄市规划局副局长。石家庄是她第三个家乡，在这里她奉献青春、挥洒汗水，为这座城市的园林绿化建设付出半生心血，开拓了石家庄园林绿化的新征程。

1968年，艾书香从北京林学院（现北京林业大学）毕业后被分配到东北部队农场锻炼，1978年作为家属随军调至石家庄，成为市园林局绿化队一名技术员。将所学技术知识与实践经验应用到园林绿化中，还尝试嫁接龙爪槐、种植风景树，为绿化队培养出了一批技术工人。在她的带领下，石家庄市园林绿化工作逐渐走向科学、正规的管理轨道。1984年，石家庄市老动物园进行了第一次扩建搬迁，艾书香身为项目负责人，在半年多时间里基本每天都吃住在动物园，最终动物园如期建成开放。20世纪90年代初，组织筹建岳村苗圃（今石家庄植物园），时至今日，动物园、植物园依然是石家庄市民游玩赏景的热门打卡地。1995年，调任石家庄市规划局副局长，负责城市的建设与规划，但依然心系园林的发展，提倡用园林绿化改善城市小气候。

"因热爱而执着，因执着而卓越"

**唐山市园林处原处长
原总工程师
袁之良**

大学毕业远赴新疆，支援当地园林绿化建设18年。在唐山大地震后回到家乡，为唐山园林绿化事业发展奠定牢固根基。热爱园林，人虽退休，依然心系唐山园林事业发展、发挥余热。

袁之良1964年毕业于北京林学院（现北京林业大学）。1976年唐山发生大地震，震后的唐山急缺园林专业人才，他毅然携一家四口回到唐山。1982年，被分配到唐山市园林处（现唐山市园林绿化管理局）任总工程师，筹备成立了唐山市园林规划设计室（现唐山市园林规划设计研究院）。参与震后恢复唐山园林建设，注重将历史人文融入规划设计中。将人民公园改为"大钊公园"，建成具有我国传统山水园林风格，又有鲜明时代感，集游憩、娱乐、科学普及、文化教育于一体的市级综合性公园。1984年，被任命为唐山市园林处处长，恢复开放凤凰山公园，实现了"一条路、一种树"的道路绿化设想。积极发展唐山菊花事业，支持培育多个菊花新品种，在全国菊展中多次获得奖项。退休后积极建言献策，并提出专业意见，南湖生态修复项目被联合国授予"迪拜国际改善居住环境最佳范例奖"。

"张家口园林绿化事业奠基者、引路人"

1963年从北京林学院城市与居民区绿化系（现为北京林业大学园林系）毕业后，被分配到河北省张家口市城建局规划科，开启了园林绿化之路。从那时起一直到退休，近40年时间都从不曾离开为之热爱、为之奉献的园林绿化事业。推动张家口园林绿化工作从无到有、从起步到迈上正轨的发展，为张家口园林绿化事业大发展奠定了坚实基础，更见证了张家口一草一木的生根发芽、一花一叶的繁华盛开。

韩宝庄1963年毕业分配到张家口市时，全市园林绿化工作几近空白。作为第一个毕业于园林院校的大学生，韩宝庄从基层岗位做起，一步一个脚印，逐步走上园林部门领导岗位。担任园林处主任期间，组织完成了中心城区园林绿化养护重心下移工作，提升了园林绿化管理水平。在工作实践中培养了一大批园林绿化专业人才，解决了张家口园林专业人才断档和不足的问题。1986年，积极倡导评选市树市花，经过多次宣传与发动，张家口确定国槐为市树、大丽花为市花。大丽花多次走进人民大会堂，成为国家重大活动的首选布置花卉之一。为保护好当地的风景名胜资源，还不断加强城市风景名胜区内文物古建保护与修复工作。

**张家口市园林管理处原主任
韩宝庄**

"绿色，是美好的生活底色"

热爱园林事业，一生坚守，为邯郸市园林绿化事业做出了卓越贡献，只为那颗初心。从水泥森林到绿树盈眼，从青春岁月到花甲之年，朱宝英以自己过硬的专业素养带领邯郸园林职工攻克众多植物技术难题，引领邯郸市园林事业不断攀登新台阶。

朱宝英22岁从河北林业专科学校毕业后分配到邯郸市园林处生产科（现为邯郸市园林局），33年的时间里，邯郸城区的公共绿化都留下了她的足迹。"文革"结束后，邯郸市决定恢复国庆节摆放花坛，她组织反复探讨，圆满完成任务。1996—2002年，她组织开展菊花展览、提升菊花栽培技术，为邯郸市民奉献了六届优美的菊花展。2001年后，她又主持开展重大节日花卉的引进研究、适合邯郸的苗木品种筛选等多项研究。在实践中不断探索创新，总结经验。

邯郸市园林处原副处长
朱宝英

"碱地回春，为人民谋福祉 无怨无悔，将一生献园林"

沧州市绿化办公室原副主任
雷玉凤

提及沧州，人们只会将其与沙荒碱地联系起来，可见在沧州开展园林绿化的难度之大。她就是在这样的盐碱地上将一生无私奉献给沧州的园林事业，开创了沧州城市园林绿化的一个时代。

1963年从河北农业大学毕业后分配到吴桥县农林局，将自己的专业所学应用在林场实践。1972年，调到沧州市园林处担任工程师；1982年担任沧州市绿化办公室副主任直至退休。工作中，她迎难而上，不断探索，分析调研土地现状，将改土治碱作为重点进行攻关。正是这一点一滴的付出和积累，才将沧州市园林绿地面积由82.3万㎡发展到151.03万㎡，植树成活率达85%以上，并新建众多公园、滨河绿地等，为广大市民群众创造了绿色、健康的生活空间。

"坚守初心 一心为绿"

从衡水农业局到科技委员会，再到市园林管理处，为了心中那一抹绿色，他始终坚守初心，以专业知识为基，以专业技术为器，兢兢业业几十年，为衡水园林绿化事业贡献自己的力量。

他将所学的专业知识与当地气候结合，合理种植、科学管理，提高街道绿化树木的成活率，增加树木、花卉的品种。先后参与衡水市众多园林绿化项目，如衡水市人民公园的设计施工，滏阳河改造，滏东排河堤修复等。滏阳河两岸从原来的荒草丛生，变成如今绿树成荫、花开三季的河边公园，成为了市民休闲散步的好去处。曾连续5年举办技术工人培训班，为工人讲解园林树木的栽培、修剪技术和病虫害防治等，大大提高园林工人的专业技能，为衡水园林事业发展发展培养一批懂技术的专业人才。

衡水市园林管理处原处长
姬殿臣

中国技能大赛·2019年河北省园林技能竞赛
Chinese Skills Competition · Landscaping Skills Competition 2019 in Hebei

2019年11月9日，来自全省各地的近200名选手汇聚邢台学院体育馆，参加中国技能大赛·2019年河北省园林技能竞赛全省决赛，用创意和灵感演绎展示园林风采、提升园林技能。中国技能大赛·2019年河北省园林职业技能竞赛由河北省住房和城乡建设厅、河北省人力资源和社会保障厅、共青团河北省委、河北省林业和草原局、邢台市政府共同主办，河北省城市园林绿化服务中心、河北省花卉协会、邢台市邢东新区管委会、邢台市城管局承办，邢台学院协办。

在9日上午举行的竞赛开幕式上，省住房和城乡建设厅副厅长李贤明讲话并宣布开赛。邢台市政府副市长张志峰致辞。邢台学院副院长刘永利、省住房和城乡建设厅人事教育处调研员朱奕峰、省花卉管理中心副主任张翼飞、省城市园林绿化服务中心副主任岳晓、团省委青年发展部赵金颖、邢台市城管局局长贾立宁、邢台市林业局副局长李素春、邢台团市委青年发展部部长张艳丽等出席开幕式。开幕式由省城市园林绿化服务中心主任王哲主持。开幕式上中国插花花艺大师、上海市插花花艺协会副会长梁胜芳和中国花卉协会零售业分会秘书长，中国杯花艺大赛冠军韩海做

图1 插花竞赛现场
图2 组合盆栽竞赛现场
图3 快速设计竞赛现场
图4 快速设计竞赛学生作品
图5 竞赛现场学生在插花

了花艺展演。

李贤明表示,省住房和城乡建设厅始终把高技能专业人才培养作为推进城市园林绿化高质量发展的重要支撑。2012年以来连续举办了七届园林技能竞赛,先后有2000余名选手参赛,培养了一大批园林绿化和花卉园艺技能人才。园林技能竞赛已经成为我省园林绿化行业适应新时代发展要求,培养和选拔高素质技能人才的重要方式。要不断完善竞赛体系,提升竞赛质量,扩大竞赛社会影响力,将园林技能竞赛办出水平、办成品牌。

竞赛共设置4个项目,包括园林景观设计创新竞赛、园林绿化快速设计竞赛、艺术插花竞赛、组合盆栽竞赛。在此之前,园林景观设计创新竞赛已经完成作品征集和专家评审。11月9日在邢台学院举行了园林绿化快速设计、艺术插花和组合盆栽3个项目的全省总决赛,有23个代表队,近200名选手参赛。今年,竞赛在内容和形式上进行了创新,新增组合盆栽竞赛,考验选手现场植物造景能力;借鉴国家级花艺赛事经验,设置监督委员会,对裁判评分、选手操作等环节全程监督指导,保证竞赛公平、公正。同时,赛前邀请了两名国内知名花艺师,分别就艺术插花、组合盆栽进行培训和答疑。主办方还同期举办了大学生插花体验活动,旨在让园林艺术走近大学生,让大学生体验园林艺术魅力。

本次竞赛4个项目最终产生了72个等级奖,符合条件的获奖选手将推荐参加"河北省技术能手"、"河北省建设行业技术能手"和"河北省青年岗位能手"评选。

河北省第三届（邢台）园林博览会
THE 3RD（XINGTAI）GARDEN EXPO OF HEBEI PROVINCE

河北省城市园林绿化工作座谈会
Symposium on Urban Landscaping in Hebei

2019年8月28日，河北省城市园林绿化工作座谈会在邢台市召开，会议总结交流了城市园林绿化工作经验，研究了推动城市园林绿化高质量发展措施，部署了下一阶段工作。会议由河北省政府副秘书长于文学主持，河北省住房和城乡建设厅厅长康彦民出席会议并讲话，副厅长李贤明出席会议。

座谈会上，石家庄、秦皇岛、唐山、廊坊、衡水和邢台市先后汇报了近年来城市园林绿化工作所做的努力和取得的进展，并提出下一步推动城市园林绿化高质量发展的措施。国务院参事、中国风景园林学会原副理事长刘秀晨，北京林业大学副校长李雄，以及河北省园林企业代表围绕推进河北省城市园林绿化高质量发展建言献策。

康彦民围绕今后的工作提出要求。他指出，要提高认识，增强推进城市园林绿化工作使命感、责任感，主动担当作为，加快推进城市园林绿化高质量发展，为建设生态河北、美丽河北贡献力量。要抓好城市园林绿化规划编制、政策落实和法规标准体系建设等基础性工作，保障城市园林绿化实现高质量发展。要突出重点，做好城市绿量增加、城市园林绿化品质提升、城市公园服务体系完善、园林城市创建、省园林博览会举办等工作，加快推进城市园林绿化高质量发展。要创新措施，增强城市园林绿化高质量发展内生动力，推动全省城市园林绿化工作再上新台阶。

图1 园林绿化座谈会现场

图2 国务院参事刘秀晨参加座谈会

图3 河北省住建厅厅长康彦民出席座谈会

图4 河北省政府副秘书长于文学主持座谈会

河北省第三届（邢台）园林博览会城市文化周
The Urban Cultural Week of the Third (Xingtai) Garden Expo of Hebei Province

在邢台市文化广电和旅游局的精心谋划下，紧扣"太行名郡·园林生活"园博会主题，以及"诗画园博，多彩城市"的文化周主题，成功举办了城市文化周等系列活动，为园博园增添了浓厚的文化氛围。

活动以歌曲、舞蹈、情景剧、杂技、地方民俗表演等综艺节目为主，每场演出时间90min左右，河北省内13个市及邢台市20个县市区举办城市文化周专场演出92场，石家庄井陉拉花、秦皇岛昌黎地秧歌、唐山皮影戏等一批极具地方特色的国家级"非遗"项目精彩上演，向广大游客展示城市风土人情、绿色发展、高质量发展成就，以优秀的文艺作品体现燕赵风骨、彰显地域特色，展示全省人民加快建设新时代经济强省、美丽河北的精神风貌。

此外，还有"非遗"戏曲专场演出、民族器乐展演、群众歌咏展演、旗袍秀专场等一系列文化活动，充分展示了"守敬故里·太行山最绿的地方"的人文特点和热情好客的精神风貌。

图1

图2

图3

图4

河北省第三届（邢台）园林博览会
THE 3RD（XINGTAI）GARDEN EXPO OF HEBEI PROVINCE

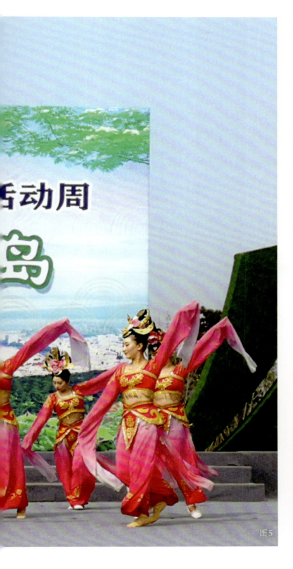

图1 邢台文化周专场演出
图2~3 石家庄文化周专场演出
图4 邢台文化周专场演出
图5 秦皇岛文化周专场演出
图6 宁晋县文化周专场演出
图7 邢台市群众歌咏展演活动
图8 清河县文化周专场演出
图9 邢台市群众歌咏展演活动

第三届旅发大会嘉宾观摩园博园暨"百家旅行社畅游园博园"

Guests of the 3rd Tourism Development Conference Visit the Park Expo and "One Hundred Travel Agencies Enjoy the Park Expo"

2019年9月8日,参加邢台市第三届旅发大会的百家旅行社、众多媒体记者,先后观摩邢台园博园、德龙钢铁公司文化园、邢襄古镇、抱香谷、九龙峡等多个旅游景点,体验邢台的美好风光和深厚的历史文化底蕴。

在志愿者和讲解员的带领下,嘉宾们来到开园不久的邢台园博园,分别参观了园林艺术馆、竹里馆、盆景园、5G智慧园展厅、水秀广场,园林历史的灿烂文化、巧夺天工的艺术建筑、盛开的各色花卉,把人们带进美的天堂,5G新技术的体验,了解了科技对未来的影响。水秀广场前,占地60hm²的丽影湖碧波荡漾,南北面积长达百米的喷泉,很是壮观,演绎出各种造型奇观。

游览完毕后大家纷纷表示,园博园无论在总体景观布局,还是具体到每种景物元素的组合,无不显示出自然的美感。在园博园中游赏,犹如在品诗,又如在赏画,值得去细细品味。

图1 嘉宾入场签名仪式
图2 嘉宾参观园林艺术馆
图3 嘉宾在馆内参观
图4 参观园林艺术馆
图5 园林艺术馆一角

第二届太行山经济文化带建设交流会
The Second Taihang Mountain Economic and Cultural Belt Construction Exchange Conference

第二届太行山经济文化带建设交流会，于2019年9月6~8日在邢台县举行，与会嘉宾120多人，作为邢台市第三届旅发大会的重要内容，该会议由邢台市人民政府主办，邢台市文化广电和旅游局、邢台县人民政府承办，并得到了河北省文化和旅游厅的大力支持。会议由邢台市文化广电和旅游局局长赵坤峨主持，邢台市人民政府副市长邓素雪、河北省文化和旅游厅副厅长赵学锋出席大会并致辞。

随后的学术交流环节中，河北省文史研究馆馆员、资深省管优秀专家、河北东方人类探源工程首席科学家谢飞，国家"十三五"时期重大课题组组长、中国财经出版传媒集团国际总部总裁耿秀彦，河北师范大学教授、博士生导师，河北师范大学副校长、党委书记戴建兵，河北省政府文史馆馆员、河北省政府参事室特约研究员梁勇，河北省文联原副主席、河北省民间文艺家协会主席郑一民，河北省科学院地理科学研究所主任规划师薛秀青，中国社会科学研究院首席研究员、安阳工作站副站长岳洪彬，中国社会科学院考古研究所首席研究员牛世山等专家学者先后登台演讲。

这次大会以"协同、融合、绿色、共享"为主题，旨在深入研究、挖掘、整合太行山历史文化资源和自然资源，培育文化传承基因和文化产业动能，促进区域经济社会协同发展，共同开创太行山经济文化带建设新局面。

太行山沿线四省市文旅厅（局）和相关市（区）政府的共同努力下，第二届太行山经济文化带建设交流会取得了圆满成功和显著成果。一是进一步深入推进了太行山经济文化带的研究。这次举办第二届太行山经济文化带建设交流会，再次实现了太行山沿线四省一市各地政府及文化部门的大团聚，为深入推进太行山整体的研究建设和各地之间相互协作、协同发展奠定了基础。二是聚拢了一批人才，得到了很好的启迪。三省一市专家学者共同研讨交流，奉献了许多深刻的思考和精彩观点，为太行山经济文化带建设提供了指引、遵循、借鉴和启示。三是为今后太行山经济文化带建设的整体推进奠定了思想基础、人文基础、感情基础。这次交流会既是一次思想观念的交流碰撞融合，也是一次知行合一的体验和行动。不仅增进了友谊，更增强了"携手建太行、共同'兴文化'"的历史担当。

邢台市人民政府副市长邓素雪以《加快文旅融合，完善服务体系，促进太行山区域文化旅游产业发展》为主题致辞，邢台地处中太行，有3500年的建城史，历史上曾四次建国，五次定都，是我国北方最早形成的城市之一。先后涌现出了唐朝名相魏征、宋璟和元代大科学家郭守敬等历史名人。以一当十、鹿死谁手、破釜沉舟、拐弯抹角等一百多条成语故事，都与邢台有关。邢台又有被誉为"北方一绝"的国家地址公园——崆山白云洞，有被称为"世界奇峡"的邢台大峡谷，有被誉为"太行山最绿的地方"——前南峪等自然风景区，也有邢窑白瓷、广宗柳编、内丘神码、威县土布纺织等技艺传承，连续四年举办的环邢台国际公路自行车赛，已成为国际顶级的自行车赛品牌。近年来，邢台市坚持文化是灵魂，旅游是载体，融合是路径的发展思路，深入挖掘文化要素，全面融入旅游品牌培育、旅游资源建设、旅游魅力提升、旅游载体拓展，不断增强邢台文化旅游的品牌影响力、文化资源支撑力、文化创意吸引力、文化内容感染力，市委市政府还先后提出了推动文化和旅游融合发展，加强文化遗产保护，加强特色小镇文化建设，振兴传统工艺，文物保护规划等一系列政策指导性意见，有力地推动了文化旅游融合发展。

太行山沿线城市一衣带水、一脉相承、历史同源、文化同根、山水同脉，八百里太行，巍峨雄浑，底蕴深厚，文化浓郁，风光壮美，太行山是我们共同守望的精神家园，希望我们太行山沿线的城市以本次交流会为契机，全方位开展公共文化服务、文化艺术创作、文化遗产保护、文化产业发展的深度交流合作，共同构建太行山文化品牌支撑体系，并引领区域内产业、交通、旅游、环保、市场等方面跟进对接，实现经济社会共同进步，逐步将太行山经济文化带建设交流会建设成为知名的品牌文化活动，共同描绘太行山区域文化旅游和经济社会发展的美好蓝图。

赵学锋在致辞中指出，太行山是中国重要的山脉，北起北京西山，南至河南省的黄河北岸，贯穿于京、晋、冀、豫四省市，南北跨度500多km，域内人口在1亿人以上。太行山及山前冲积平原是中华民族的重要发源地之一，太行山文化在中华民族的历史长河中占有重要的地位，千百年来，形成了丰厚的文化积淀，是我们共有的精神财富。对太行山经济文化带进行深入研究，挖掘区域内深厚的历史文化资源，充分整合历史文化资源和自然资源，转化成文化传承和文化旅游产业发展的动能，促进区域内经济和社会的协调发展，具有非常重要的意义。

太行山经济文化带和大运河文化带、长城文化带同属线性文化，是新兴的文化遗产保护理念，兼具物质文化和非物质文化传承和保护价值，举办太行山经济文化带建设交流会符合国家经济社会发展的总体战略。邢台市的同仁们身处太行、热爱太行、研究太行、了解太行、解读太行，特别是从文化的角度切入，举办太行山经济文化带建设交流会很有必要，为沿线城市间的文化联动起到了很好的推动作用。

什么是太行山文化？一是优秀的历史文化，二是红色文化或革命文化，三是社会主义先进文化。可以说太行山文化体现了中华民族优秀的传统价值观念。我们通过举办经济文化带建设交流会的形式，把太行山精神进一步提升，和新时代的精神结合起来，为区域内和国家的经济社会发展提供更好的文化服务，做出更大的贡献！

邢台市为做好这次交流会活动，做了大量的工作，付出很多，这是一种胸怀、一种担当、一种奉献。太行山是中华民族的脊梁，太行山是风景秀丽的地方，太行山是有历史的地方，太行山是有故事的地方，太行山是出英雄的地方，太行山是出人才的地方，太行山是出产品的地方。今天与会的各位专家，对太行山的历史、文化等各方面都有深入的研究，专家们将给大家分享他们研究的成果，让我们都有一个认真学习的机会。

为了能够更好地举办太行山经济文化带交流活动，赵学锋提出了4点建议。一是要发挥文化的示范引领作用，先开展学术交流，进行文化研究，再逐步扩大区域内各个方面的跟进对接，实现区域内文化和其他方面的信息共享、资源共享、成果共享。二是要搭建一个平台，聚拢一批人才，包括学术界、理论界、文化界、产业界、企业界等各方面的人才，从学术、文化、历史、人文等多方面、多角度研究太行山，关注太行山文化，发展太行山。三是要建立一种机制，建议由四省市的文化和旅游厅（局）牵头，20多个城市轮流举办活动，多走动，多交流，多沟通，通过沟通交流持续深化相互之间的感情。四是要丰富活动的内容，建议其他城市举办时，可以考虑办一些展演、展览活动，把太行山经济文化带建设交流活动办成文化节、文化周、商务接洽周，将起到更好的效果，越来越精彩。

2019中德产业交流合作（邢台）峰会
暨中小企业品牌（邢台）创新中心授牌仪式

2019 China Germany Industrial Exchange and Cooperation (Xingtai) Summit & Licensing Ceremony of Small and Medium-sized Enterprise Brand (Xingtai) Innovation Center

图2

图1

图3

2019年10月23日，2019中德产业交流合作（邢台）峰会暨中小企业品牌（邢台）创新中心授牌仪式在邢台举行。邢台市市长董晓宇、德国莱法州比肯菲尔德市行政长官马蒂亚斯·施耐德出席会议并分别致辞，市领导戎阳、李超英，德国莱法州经济部、比肯菲尔德市政府相关长官及中外客商代表等出席会议。

董晓宇在致辞中指出，中德两国友好交往历史源远流长，两国人民有着深厚的国际友谊。我们正处在一个高质量发展和共享共赢的新时代，两市合作拥有深度互补的产业基础和前所未有的历史机遇。此次中德产业交流合作峰会对加快"一带一路"建设、打造国际合作平台、增强城市之间友谊具有多重意义。比肯菲尔德市在基础研究、原始创新、高端研发和制造品质优化等领域全球领先。邢台是一座有着3500年建城史的古城，也是一座拥有完整工业门类的现代产业新城。希望双方能够围绕先进制造业发展、科技创新、教育、文化等领域，全面深化务实合作，努力实现优势互补、互利共赢。

市商务局和市开发区自2017年起，与德国巴伐利亚州、萨安州、北威州、莱法州开展了密切的经贸交流活动，抢抓德国中小企业投资转移趋势，多方位推介邢台投资环境和发展潜力，两年多来达成

了多个合作意向。其中此次来访的莱法州是德国中小企业最为集中的区域，州内拥有多家"隐形冠军"企业，发展潜力巨大，扩张意愿强烈。此次来访邢台，主要目的：一是德国Vintecal Gmbh公司投资1000万欧元在邢台市开发区建设人工智能安全加密装置等4个项目拟与市开发区签约；二是20多家德国企业拟组团来邢寻求项目对接，重点与市开发区现有企业开展技术、人才、产品等全方位合作；三是比肯菲尔德市政府高度重视此次中德经贸交流活动，拟与邢台市开展经贸、人文等全方位的交流合作，并商讨双方进一步建立友好城市关系。此次活动是德国莱法州比肯菲尔德市与市开发区合作对接的成果展示，也是比肯菲尔德市与邢台市开展深层次合作的全新起点。同时，市开发区还积极争取了工信部国家中小企业品牌（邢台）创新中心落户，此次活动将一并举行"邢台经济开发区的授牌仪式和培训开班仪式"。

马蒂亚斯·施耐德向中德产业交流合作（邢台）峰会主办方表示感谢，并希望全面深化与中国、与邢台的友好合作，不断拓展合作范围，提升合作水平。

峰会上，德国比肯菲尔德经济促进局介绍了该市情况及同中国交流合作情况，邢台市招商局进行了投资环境推介；西班牙索尔梅德联盟和中科国奥（北京）能源科技公司分别介绍了项目情况；邢台经济开发区举行了秋季项目集中签约仪式，总投资169.9亿元的17个项目成功签约。会议向邢台经济开发区驻欧洲联络处和邢台（深圳）电子信息产业园驻深圳招商联络处授牌。

当天，邢台经济开发区被中国中小企业国际合作协会认定为"中小企业品牌（邢台）创新中心"并授牌。

图1 邢台市市长董晓宇发表讲话
图2 签约仪式
图3 现场来宾
图4~5 授牌仪式现场

媒体采访现场精彩活动

"百家媒体园博行"集中采访活动
Interviews of Expo with 100 Medias

2019年8月25日,"百家媒体园博行"集中采访活动新闻发布会召开,邢台市副市长邓素雪出席发布会并致欢迎词。

8月25-28日河北省第三届(邢台)园林博览会、2019环邢台国际公路自行车赛、邢台市第三届旅发大会和全国第三届中医药文化大会在河北省邢台市陆续举办。此次"百家媒体园博行"大型采风活动由邢台市委宣传部、市委网信办、市政府新闻办公室主办,旨在大力营造"三会一赛"浓厚舆论氛围,充分展示大会盛况,全面提升邢台市知名度、美誉度和影响力。

在25日下午举行的"百家媒体园博行"活动启动仪式上,媒体及自媒体人集体观看了河北省第三届(邢台)园林博览会、2019环邢台国际公路自行车赛及第三届中医药文化大会宣传片,有关负责同志分别对大会及赛事进行了推介,市文化广电和旅游局推介了旅游精品线路。

集中采访期间,中央和省级媒体,30家河北省内各设区市媒体,20家中央、省市级网络媒体,30家全国新媒体大咖,20家各县市融媒体中心等共计100家媒体及自媒体人,深入园博园、自行车赛部分赛道、旅发大会精品线路、中医药文化大会主会场进行采访,实地感受绿色太行、大美邢台独特魅力。

河北省第三届（邢台）园林博览会
THE 3RD (XINGTAI) GARDEN EXPO OF HEBEI PROVINCE

母子公园和陈俊愉院士雕像揭幕仪式
The Unveiling Ceremony of the Mother-son Park and the Statue of Academician Chen Junyu

2019年8月27日，河北省第三届（邢台）园林博览会开幕之际，母子公园和陈俊愉院士雕像揭幕仪式在邢台园博园举行。

河北省住房和城乡建设厅厅长康彦民，副厅长李贤明，邢台市市长董晓宇，副市长张志峰，市政府秘书长李亚林以及亚洲园林协会女风景园林师分会副会长孟欣，中国女市长协会原副会长兼秘书长王荫萍，陈俊愉院士之子、中国花卉协会梅花蜡梅分会理事陈秀中，国务院参事、北京市园林局原副局长刘秀晨，中国风景园林学会常务理事、北京林业大学副校长李雄等嘉宾分别出席相关活动。

母子公园位于园博园绿野仙踪儿童乐园，占地2万㎡，是一处集娱乐、运动、益智、教育等为一体的主体化、趣味化、多元化儿童乐园。母子公园由原住房和城乡建设部城建司副巡视员曹南燕倡导并亲自策划，以关注儿童、关爱孩子为出发点，旨在弥补城市儿童亲子设施及场地不足的同时，增强全社会对母子、亲子关系的关心与关注，是本届园博会"人文园博"理念的一个集中体现。

陈俊愉院士雕像坐落于园博园山水居，全国园林局代表——武汉园林局、河北园林局代表——石家庄园林局、邢台市政府、陈俊愉院士弟子代表刘秀晨以及长子陈秀中共同为雕像献花。据悉，陈俊愉院士为我国著名的园林花卉专家、观赏园艺学界泰斗、中国工程院资深院士。陈俊愉院士从1943年开始投身于梅花研究，1998年被国际园艺学会任命为"国际梅品种登录权威"，为中国在国际园艺学会里的第一个园艺类植物的"国际登录权威"，有力推动了梅文化走向世界。他独创的"二元分类"学术思想，为中国花卉资源整理、分类研究、结合应用指明了方向，提出的"传统名花产业化""中国名花国际化""世界名花本土化"战略思想，极大促进了花卉产业文化的繁荣与发展。

图1 出席陈俊愉院士雕像揭幕式嘉宾合影
图2 河北省住房和城乡建设厅副厅长李贤明和国务院参事刘秀晨亲切交谈
图3 出席揭幕仪式的嘉宾
图4 出席陈俊愉院士雕像揭幕式嘉宾参观山水居
图5 揭幕仪式现场
图6 北京林业大学副校长李雄在陈俊愉院士雕像揭幕仪式上致辞
图7 陈俊愉院士雕像揭幕
图8 邢台市市长董晓宇与亚洲园林协会女风景园林师分会嘉宾合影

河北省第三届（邢台）园林博览会
THE 3RD (XINGTAI) GARDEN EXPO OF HEBEI PROVINCE

园博园美景

2019年邢台市文化产业博览会
Xingtai Cultural Industry Expo 2019

2019年8月27日上午10点，2019年邢台市文化产业博览会在古顺736艺术区拉开帷幕。邢台市人大常委会主任魏吉平，市委常委、宣传部部长戎阳，市人大常委会副主任冯秋梅，市政协副主席李中华出席开幕式。

本届文化产业博览会由邢台市委宣传部主办，市文旅局、各县（市、区）委宣传部协办，邢台网、古顺酿酒有限公司承办，以"映像邢襄牛城文创"为主题，集中展示了来自全市20个县（市区）、50多家企业的上千件文化产业产品和项目，此次展览持续到了9月8日。

邢台市人大常委会主任魏吉平在参观展览时指出，近年来，全市文化产业发展势头良好，邢白瓷、艺术玻璃、童车、手织汉锦、工笔画等一批特色品牌在全省乃至全国叫响。举办文化产业博览会是对全市文化产业发展成果的一次集中展示，也是文化企业、广大客商交流合作的重要平台，对于推动全市文化产业高质量发展具有重要意义。当前，邢台正处于绿色发展、转型升级的关键时期，发展文化产业前景广阔、大有可为。要进一步增强文化自信，加强文化品牌培育，推动文化与工业、农业、旅游、传统手工艺等产业融合发展，全方位提升文化产业的活力、实力和竞争力，推进新时代邢台文化产业繁荣发展。

邢台市委常委、宣传部部长戎阳在致辞中指出，邢台历史悠久，文化资源丰富，发展文化产业得天独厚。本届展会是自去年之后我市又一次举办文博会，旨在助力我市文化产业的进一步发展壮大。全市各级各部门要抢抓机遇，深入挖掘整合地域文化资源和产业优势，加强政策支持引导，优化文化产业发展环境，培育一批科技含量高、文化含量浓、销售收入高的知名文化企业，推动文化产业尽快发展壮大，尽快成长为支柱产业。市县宣传部、文旅局要切实负起责任，发挥好协调、指导、推动作用。文化企业要坚持创新提升，拓展发展空间，打造特色品牌，走出邢台，走向全国、全球。

"我的园博我的家"系列百姓共享园博活动
"My EXPO, My Home" Event for People Experiencing Expo Together

自园博会筹备以来，邢台市文联主动融入市委、市政府工作大局，积极发动全市文艺工作者围绕园博会"太行名郡·园林生活"的主题，"梦回太行，园来是江南"的副主题，精心创作，以形式多样的文艺作品为园博会的成功举办注入了更多的文化活力。

此次园博会秉承生态环保、文化传承、创新引领、永续利用的原则，依托邢台厚重的历史文化积淀和太行山优美的自然环境资源，倾心倾力将其打造成为中国园林经典传世之作。园博园总占地面积284.07hm^2，总投资约36亿元。水系面积约106.67hm^2、绿化面积约154hm^2、建筑总面积约18.7万m^2。

此次活动紧扣"太行名郡·园林生活"园博会主题，以及"诗画园博"文化周主题，以歌曲、舞蹈、情景剧、杂技、地方民俗表演等综艺节目为主，每场演出时间90min左右，向广大游客展示城市风土人情、绿色发展、高质量发展成就，以优秀的文艺作品体现燕赵风骨、彰显地域特色，展示全省人民加快建设新时代经济强省、美丽河北的精神风貌。

市总工会职工在圆博园上演了旗袍秀。省旗袍协会会长冀向君现场致辞；10个旗袍代表队表演了精彩的节目；400余人观看了演出。文艺节目演出结束后全体旗袍人员在圆内湖畔走秀，展示旗袍风采。

市作家协会积极协助市委宣传部，积极发动本土作家，围绕园博园撰写了一批如《筑在冀南大地的梦》《太行东麓是江南》等文学作品，以文学形式展示园博园秀丽旖旎的山水风光，展示我市经济社会发展成就、生态环境建设成果以及优秀历史文化，展现邢台自然之美和文化底蕴。

市书法家协会、市美术家协会组织80余位邢台籍知名书画家为创作楹联绘画作品，为园博园"点睛"，营造浓厚的艺术氛围。有些书画家虽然年事已高，但仍然热情高涨。有些人虽身在外地，仍不忘家乡情，积极报名参与并认真创作。此次活动共收到作品182件，其中楹联125条（对），创作字画57幅，制作成牌匾、桥名、屏风等用于园内建筑。

为更好地记录园博会筹办过程，充分展示园博园独特的园林艺术景观和浓厚的历史文化底蕴，市摄影家协会联合邢东新区管理委员会举办了"千年邢襄，最美园博"主题摄影大赛，以展现园博园自然风光、园林建设、人文景观等为重点，围绕"生态园博、文化园博、创新园博、民生园博"的特点，面向广大市民、摄影爱好者和摄影家征集到139位作者的1530幅作品，最终评选出获奖作品56幅，并将结集出版摄影作品集。

摄影作品——梅花怒放

摄影作品——留香阁

2019环邢台国际公路自行车赛
International Road Cycling Race of Xingtai 2019

图1

　　2019年9月2日，2019"邢台扁鹊杯"环邢台国际公路自行车赛（以下简称2019环邢台赛）于河北省邢台市举行，本届赛事由国际自行车联盟和国家体育总局批准，中国自行车运动协会、河北省体育局、邢台市人民政府主办，河北省体育局自行车运动管理中心、邢台市体育局和邢台市桥西区、桥东区、邢台县、沙河市、内丘县、临城县、南和县、平乡县、广宗县人民政府、邢台市经济开发区管委会、邢东新区管委会共同承办，中福康城置业开发管理有限公司协办，北京新泰明体育文化发展有限公司为赛事推广执行运营机构。邢台市委常委、宣传部长戎阳，邢台市政府副市长邓素雪，邢台市政府副秘书长韩庆辰，邢台市体育局局长邱世勇等出席了发布会。

　　2019环邢台赛将以自行车赛事为载体，以"骑行绿色太行，畅游生态邢襄"为主题。充分展示"守敬故里，太行山最绿的地方"人文地域特点，进一步促进体育与经济、文化、旅游的融合发展，全力打造具有国际影响、体现国际水平、彰显邢台特色的国际品牌赛事，为建设美丽邢台营造良好氛围。

　　本次比赛为期3天，设3个赛段，全程约536.4km，设国际精英组和大

众业余组两个组别。国际精英组拟邀请国内外22支队伍参加,包含UCI洲际职业队、UCI洲际队、国家队及俱乐部队,参赛运动员近200名。

2019环邢台赛是邢台市连续第四年举办的国际公路自行车赛,赛事等级为国际自行车联盟(UCI)男子精英2.2级赛事,B类国际体育赛事。国际组比赛路线较上届做了大幅调整,总距离由上届的396km延长到536.4km,其中第一赛段自七里河体育公园东门至紫金山景区,全程约145km。第二赛段自临城县岐山湖至王硇古村落,全程约213km。第三赛段自广宗县天王工业园至园博园南广场,全程约178.4km。本次比赛路线多为山区路段,坡多、弯多、距离长、难度大、刺激性强、观赏性高,共设2个爬坡点、8个冲刺点,途经10个县(市、区),设置3个起点和3个终点,路线设计涵盖平路、丘陵、山地等公路赛的所有类型。

本次赛事的总裁判长由国际自行车联盟(UCI)委派,由日本籍国际裁判菊池津根德担任总裁判长,其余12名国家级裁判则由中国自行车运动协会选调安排。

图1 参赛选手一瞥
图2 比赛第一赛段
图3~4 比赛掠影

第二届河北国际城市规划设计大赛
The Second Hebei International Urban Planning and Design Competition

第二届河北国际城市规划设计大赛是河北省第三届园林博览会的一项重要活动内容，由河北省人民政府主办，河北省住房和城乡建设厅、邢台市人民政府、中国城市规划学会承办，于2019年3月27日在河北省邢台市举办。

大赛组委会邀请了包括4位中国工程院院士、3位普利兹克奖得主及评委在内的14家国内外顶级规划建筑大师团队参赛，立足于邢台城市功能定位，为邢东新区及城市未来发展提供新思路、新方案。

结合河北省第三届园林博览会，本届大赛主要包含：邢东新区城市设计国际大师邀请赛、邢台大剧院建筑设计国际竞赛、邢台科技馆建筑设计国际竞赛以及第二届Q-CITY国际大学生设计竞赛。

邢东新区城市设计国际大师邀请赛共邀请包括中国工程院院士何镜堂领衔的团队、普利兹克奖得主汤姆·梅恩领衔的墨菲西斯事务所（美国）在内的6家国内外顶级规划大师团队参加，经过4个月的精心创作，最终呈现出6个具有国际化视野和前瞻性思维的设计方案。2019年8月，邀请住房和城乡建设部原副部长赵宝江担任评委会主席，多位国内外知名专家学者担任评委，最终崔愷院士团队荣获一等奖，杨保军大师团队、UNStudio事务所获得二等奖。

第二届Q-CITY国际大学生设计竞赛收到600余组学生作品，参赛选手来自世界各地高校，其中包括麻省理工学院、新南威尔士大学等多所国际知名高校和北京林业大学、北京建筑大学等国内高校。选手以公共空间为支点提供了极具创意的城市微小空间更新方案，最终191组作品入选。十余位来自国内外的知名建筑师和建筑教育家担任评委，最终甄选出一等奖1组，二等奖4组，三等奖10组，优秀奖20组。

图1

图2

河北省第三届（邢台）园林博览会
THE 3RD (XINGTAI) GARDEN EXPO OF HEBEI PROVINCE

8月27日，"未来城市——城市设计学术交流会"在邢台召开，众多城市决策者与管理者、国内外知名规划师、建筑师、专家学者展开精彩演讲，分享创新的规划设计理念和城市未来发展策略，带来最前沿的学术思想，提供了面向未来的城市发展策略和设计方法。与会人员通过领会大师们的思想精髓，储备专业知识，为全面提升河北规划设计水平开拓新视野。

为提高邢台城市公共建筑设计水平，邢台市人民政府利用大赛平台，开展了邢台大剧院和科技馆建筑设计国际竞赛。邀请程泰宁院士、胡越大师、孟建民院士、崔彤大师四家国内大师团队参与，各团队以国际化的理念和视野，基于邢台悠久的历史文化和经济特点，最终呈现8个独具特色的国际标准设计方案。邀请住房和城乡建设部原副部长宋春华担任评委会主席，多位国内外顶尖建筑和设计大师担任评委，斯诺赫塔建筑事务所和蓝天组建筑事务所分别获得"邢台大剧院建筑设计国际竞赛"和"邢台科技馆建筑设计国际竞赛"优胜奖。

图1 国际大师邀请赛评选会和城市设计学术交流会
图2 交流会现场
图3 颁奖仪式
图4 会议现场
图5~6 颁奖仪式

图4

图3

图5

图6

04

堤岛连横汇聚山水灵秀
亭槛台榭尽展江南风华

BANKS AND ISLANDS SHOW BEAUTY OF LANDSCAPE
PAVILIONS DISPLAY THE CHARM OF JIANGNAN ELEGANCE

河北省第三届（邢台）园林博览会
THE 3RD (XINGTAI) GARDEN EXPO OF HEBEI PROVINCE

石家庄园

SHIJIAZHUANG GARDEN

石家庄园又名文元苑，园区总面积10556㎡，以"伏羲文化"为主线，深刻挖掘新乐伏羲台文化精髓，以亭、台、榭、湖、桥为空间划分，形成多个景观独特的展区，综合展示了中华人文始祖伏羲的创造精神、奉献精神、和合精神。

展园内由主入口文化区、中心区、次入口文化区、湖体区域和山体区5部分共15个景观元素组成。植物选择上主要运用高大的落叶乔木、常绿植物等营造出沧桑的历史感，配置多种灌木、草本植物及时令花卉，形成了景观环境优美、整体布局合理、功能区划科学、文化内涵丰富的主题展园。

园区入口以伏羲台午门为原型进行设计，展现新乐伏羲台的自然风貌，正门处有一个伏羲带领大家开疆拓土的场景浮雕，入口处设一照壁，采取中空形式，与其后配植的造型植物达成虚实相映的效果。

园区设计尊重生态，崇尚自然，因地制宜，依托附近湖体，引水入园，力求打造一个环境优美、特色突出的城市展园。在植物配置方面，主要以乡土树种为主，采用常绿植物、落叶乔木、花灌木、地被结合的形式，注重艺术性、色彩性。

图1

Impression Garden Expo | 印象园博

河北省第三届（邢台）园林博览会
THE 3RD（XINGTAI）GARDEN EXPO OF HEBEI PROVINCE

图2

图3

图1 鸟瞰图
图2 展示伏羲创造精神的景观小品
图3 展示伏羲创造精神的建筑
图4 园区入口
图5 园内景观小品
图6 山石与亭台
图7 园内中空式照壁

河北省第三届（邢台）园林博览会
THE 3RD（XINGTAI）GARDEN EXPO OF HEBEI PROVINCE

张家口园

ZHANGJIAKOU GARDEN

张家口园位于城市展园区西北侧，占地面积8500㎡，北侧与互动园、唐山园相邻，南侧与保定园滨水相望。张家口展园从"塞外山城""生态涵养""激情冬奥"3个方面向游客呈现张家口的整体形象风貌，雄浑的群山、蜿蜒的河流、坝上坝下丰富的自然风光共筑张家口古城的山水风貌。

本次设计以张家口市的生态、人文为依托，将展园总体布局设计为三区八景，突出展示山城张垣、生态张垣、激情张垣3个主要展区，细分为山水之城、松林傲雪、大丽花台、绚丽花坡、多彩湿地、镜水涟漪、梦幻草原、飘舞彩带8个主要景点。景点运用中国古典园林造园手法，体现曲径通幽、小中见大、移步换景的园林体验，共同构建了"大美山河张垣地，激情冬奥冰雪城"的设计主题。用山来体现雪道，雪道又体现山，相辅相成，浑然天成。矫健的运动剪影依山顺势而下，形成静中有动的生动画面，为寂静的雪与雄厚的山平添几分情趣。

山形艺术廊架作为园区的主题景观，在不破坏整体园林植物、花卉搭配设计的基础上，提升了景区文化内涵和地方特色形象。艺术廊架有效地划分空间的同时又满足了空间的视觉效果，以艺术的手法宣传了园区的冬奥主题。

图1

河北省第三届（邢台）园林博览会
THE 3RD (XINGTAI) GARDEN EXPO OF HEBEI PROVINCE

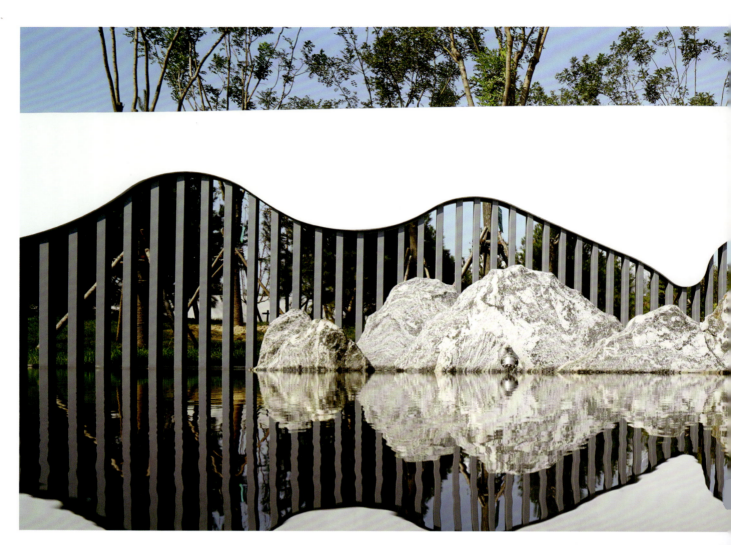

图1 鸟瞰图
图2 园入口
图3 大丽花台
图4 绚丽花坡
图5 梦幻草原
图6 冬奥元素景观墙
图7 飘舞彩带

河北省第三届（邢台）园林博览会
THE 3RD (XINGTAI) GARDEN EXPO OF HEBEI PROVINCE

承德园
CHENGDE GARDEN

承德园位于入口轴线西侧，西临主水系，东接园林艺术馆。展园设计上取自承德避暑山庄"自天地之生成，归造化之品汇"之意，利用区位优势，将避暑山庄"山水形胜，宫苑交辉"的布局结构与皇家苑囿"心怀天下，景纳江山"的思想情怀展现于四区十八景中，并复原云帆月舫、双松书屋的景观与主展馆联动，打造活态北方皇家园林造园艺术博物馆。

园区通过西高东低的地势塑造"山岳—平原—湖泊"的山水之骨，借由真山真水布置相应的亭廊院落。宫殿区自"暄波迎客"由桥入园，揽胜台对景湖山，霁虹廊内外水系融贯，建筑形制上"崇朴鉴奢，以洽群黎"；湖泊区仿效避暑山庄洲岛交映、院水交融的空间特色，以单体建筑云帆月舫和二进院落双松书屋体现"博采名景，移天缩地"的帝王气度；平原区以疏林草地的植物景观为主体，表现地平草茂的自然风光与"静观万物，俯察庶类"的皇家思想；山岳区还原避暑山庄"两山夹一鞍"的地势，山巅踞亭，控制全园，远眺内外，传达出"胸怀今古，目览四方"的气势，南北借景山区之声、湖区之味，各区之间相互联系，分而不断。

园区主题建筑均具展陈功能，多样化展示避暑山庄的规划思想和造园手法，楹联、匾额取古意而融今景，画龙点睛，与全园美景合力展现皇家苑囿的瑰丽雄浑。

图1

河北省第三届（邢台）园林博览会
THE 3RD（XINGTAI）GARDEN EXPO OF HEBEI PROVINCE

图2

图3

图5

图1 鸟瞰图
图2 云帆乐舫
图3~4 承德园水景
图5~6 园区内建筑
图7 景观亭与花草

河北省第三届（邢台）园林博览会
THE 3RD (XINGTAI) GARDEN EXPO OF HEBEI PROVINCE

秦皇岛园

QINHUANGDAO GARDEN

秦皇岛园名为翠岛园，面积10029㎡，设计方案巧妙地将园内园外水体在视觉上融为一体，极大延伸了空间，增大了景深，并创造出100°广角的主观赏视角。展园以"海宇仙乡，康养之都"为主题，由西半部的中式自然山水园（碣石山水园）和东半部的西式别墅感官花园（别墅康养园），两园并置而成。以花境营造、视觉震撼、游客参与等方面为特色，用园林景观的手法展现秦皇岛独特的海洋文化与康养文化。展园植物突出秦皇岛特色、秋季观赏和花境三大特色，打造特色鲜明的植物景观。

碣石山水园以沧海揽胜为主景，登沧溟楼揽一池三仙山（沧海池、碣石山、书院山、长寿山）。沧海池采用无边际水池做法，巧妙地将园内池水和园外河水"融为一体"，极大拓展了展园的视觉空间，水雾营造出海市蜃楼般的海宇仙乡圣境。远处，河对岸的园区北入口服务中心园中借景，于"仙境"中若隐若现，似神仙居所，使人浮想联翩。登至顶层，一幅"沧海揽胜"风景长卷迎面展开，秦皇岛园营造出的北方园林的气魄将深深印入每一位观者的脑海。

别墅康养园以位于中轴线上的暖阳草坪为中心，分布有5个不同类型的感观花园，进入别墅康养园，扑面而来的是浓浓的康养度假氛围。感官花园包含视觉园、听觉园、嗅觉园、触觉园、味觉园，运用园艺疗法，使游人可以充分利用五感来全方位地体验大自然，从社会、教育、心理以及身体诸方面进行调整更新，从而舒解压力，复健身心。

图1

河北省第三届（邢台）园林博览会
THE 3RD (XINGTAI) GARDEN EXPO OF HEBEI PROVINCE

图2

图3

98 印象园博 | Impression Garden Expo

图4

图5

图6

图1 鸟瞰图
图2 建筑湖景
图3 翠岛图
图4 湖光景色
图5 四角亭
图6 园内雕塑景观

Impression Garden Expo | 印象园博

河北省第三届（邢台）园林博览会
THE 3RD (XINGTAI) GARDEN EXPO OF HEBEI PROVINCE

唐山园
TANGSHAN GARDEN

唐山园占地面积8500m²，可通过一级园路与园博会北入口、西入口衔接，交通可达性强。同时唐山园处在两条河流的交叉区域，三面环水，景观优势突出，为展示唐山北方水城特质提供了良好的基址条件。

大唐一代，为我中华民族历史辉煌极盛之时，"唐王东征，山赐国姓"以厚重的形态凸显唐山城市文化基调。展园聚焦于"唐"，以虚与实、光与影、藏与露、起伏与层次、纹理与材质的园林演绎手法，依托现代技术构建自然山水骨架以模拟山川之雄胜，结合生态修复打造人工生态系统以展现物华之灵秀，通过触景生情达到理想诗画意境以凸显人文之精华。以城市境内地形地貌（丘陵—平原—海洋）为蓝本，反映"一港双城"发展战略为核心，结合"山水林田湖海城"等元素，构筑"蓝绿交响，盛世园林"的整体格局。

设计以唐风为主旋律，以"李世民穿越时空、梦回唐山"为故事主线，讲述"金色缘起"（皇家印记）—"黑色煤都"（工业摇篮）—"赤焰涅槃"—"绿色样板"（生态转型）—"蓝色信念"（海洋经济）的故事，一场关于唐山这座城追逐梦想的前世今生。

河北省第三届（邢台）园林博览会
THE 3RD (XINGTAI) GARDEN EXPO OF HEBEI PROVINCE

图3

图4

图1 鸟瞰图
图2 园区入口
图3 唐风阁
图4 一池春水
图5 特色跌水
图6 特色雕塑
图7 韵澜轩

河北省第三届（邢台）园林博览会
THE 3RD (XINGTAI) GARDEN EXPO OF HEBEI PROVINCE

廊坊园
LANGFANG GARDEN

廊坊园位于湿地水系附近，紧邻园区一级主环路，背靠园区制高点，占尽背山面水的区位优势，展园面积8500㎡。设计旨在回归园林本质，以"绿色、科技、活力"为理念，打造代表行业先进水平的科普体验花园。

廊坊园以"晴空园"为主题，充分利用场地的现状地形，结合廊坊市"把森林引入城市，在森林中建设城市"的目标，设计"天之净、声之净、绿之净、土之净、水之净"5个不同主题的精品花园，塑造仰望蓝天的空间结构，展现廊坊为建设美好人居环境，对城市的天空、噪声、绿化、土壤、水体所进行的治理和修复成果。同时，通过智能设计及施工，实现在工厂定制、现场装配的展园，在设计初期就对施工过程进行全方位把控，缩短繁重的施工周期，探索真正适合河北园博会建设周期要求的设计、施工方式，确保方案的实施效果。

设计中巧妙运用了廊坊市非物质文化遗产扎刻工艺，展示独特的文化名片。用原材料秸秆装点设计空间，形成独具廊坊文化特色的展园景观。此外，展园以树木围合，塑造地形、设计中心下凹花海的手法突出"仰望晴空，俯瞰花海"的氛围，并与水系联通，在强化空间的同时践行了海绵理念。

图1

河北省第三届（邢台）园林博览会
THE 3RD (XINGTAI) GARDEN EXPO OF HEBEI PROVINCE

图1 鸟瞰图
图2 晴空园景墙
图3 和谐生境
图4 长廊
图5 静谧水面

河北省第三届（邢台）园林博览会
THE 3RD (XINGTAI) GARDEN EXPO OF HEBEI PROVINCE

保定园 BAODING GARDEN

保定园位于园区的西北侧城市展园区和创意生活区的交界处，面积8500㎡。展园临近两条一级主环路，同时东北侧园界紧邻湿地岛群水面，在提供了良好景观视线的同时，也为园内引水造景提供了极大程度上的便利。

设计紧扣大会"太行名郡·园林生活"的主题，以"水泽清明，雅趣人家"为设计概念，意图打造自然环境与人居理想和谐统一的园林生活空间。借人生八雅"琴棋书画诗酒花茶"为主题，展示保定"非遗"文化，展示空间基于竹构的单体方块组合变换，塑造丰富雅趣的展园空间。全园以府河水景空间的南湖、西溪、柳塘、北潭为空间骨架，抽取南湖、北潭、西溪、东洲、柳塘等闻名的湖塘意向，并以适应府河水系所形成的典型植物环境为基调，塑造保定独特的依水定城的人居环境。

"水泽清明"是保定郡府自然环境的空间概况，"雅趣人家"是保定人民人文积淀的生活特点。基于这样的设计概念，展园最终形成三大设计特色：对保定水景景观形胜的空间概括、对保定非物质文化遗产的创新展示以及对保定人居生活意趣的艺术表达。保定展园设计方案最终以水景构建为核心特色，形成六大景观分区，包括南湖菱秀、西溪芦影、金丘槐香、柳塘弈趣、东洲花映、北潭竹韵。

河北省第三届（邢台）园林博览会
THE 3RD (XINGTAI) GARDEN EXPO OF HEBEI PROVINCE

图1 鸟瞰图
图2 保定府
图3 园区水景
图4 易水砚歌
图5 棋落闲亭
图6 园区一角

Impression Garden Expo | 印象园博 111

河北省第三届（邢台）园林博览会
THE 3RD (XINGTAI) GARDEN EXPO OF HEBEI PROVINCE

沧州园 CANGZHOU GARDEN

　　沧州园位于园区主湖区西侧，呈东西长边轴向布置，展园占地面积8990㎡。以"运河风情，记忆沧州"为主题，以运河的记忆场景为线索，展示内容结合沧州的地域特色，分为"百姓生活"和"自然风光"两部分。

　　整体布局概括为"一轴一环两区"，全园以朗清楼为核心组织园林景观，百姓生活区与自然风光区通过朗清楼衔接，东西向轴线引导了渐进的序列，设置了"运河人家""运河酒家""担水记忆""乡野风光"等10余处运河主题的园林场景。伴随着运河之水的流动，呈现出一幕幕沧州运河记忆的场景，实现故事画面的起承转合，让游人重温具有运河风情的沧州生活记忆。

　　朗清楼作为沧州园的核心建筑，四面环水，风景各异，可以总览全园的山石跌水，繁花胜景。楼东侧照壁上绘制的是清代京杭大运河沧州段全景图，朗清楼西侧是充满乡野风情的自然风光区，模拟运河郊野地段的自然风光，借助自然抬高的地势，堆叠假山。沿地势打造多层级叠水，结合山石磴道，草亭置石的合宜搭配，再现沧州运河河畔的美丽风光。一展河图，纵览浩淼烟波。

河北省第三届（邢台）园林博览会
THE 3RD（XINGTAI）GARDEN EXPO OF HEBEI PROVINCE

图2

图3

图4

图5

图7

图6

图1 鸟瞰图
图2 特色景墙
图3 朗啸清吟
图4 日朗风清
图5 水面走廊
图6 园内小亭
图7 雾气缭绕

河北省第三届（邢台）园林博览会
THE 3RD (XINGTAI) GARDEN EXPO OF HEBEI PROVINCE

衡水园
HENGSHUI GARDEN

衡韵园占地面积9450m²。整体景观游线由"探音"和"传乐"两条文化脉络组成，其中有运河长歌、探寻八音、弦歌台榭、礼乐长廊、衡韵致远、器乐华章等景观节点。主入口大门是极具特色的北方清式垂花门。主要景点有探音轩、八音山、挽澜船舫、颂乐亭、礼乐复廊、衡韵堂、传乐墙、听音榭等。五音地雕地面上是"五音十二律谱"的地雕景观，探音轩的地雕还将展现京杭大运河地图。采用围墙和植物景观进行遮挡，使游客沉浸于衡水城市展园景观中。

对两个线索相应的文化和景观类型进行不同的提取和加工，打造赋有衡水音乐文化特色的园子，展示新时代的衡水新名片，让人们感受衡水的音乐文化魅力。

整个展园打造成一个半围合的古典园林空间，东面和北面的生态湿地滩涂、花海和溪流则可形成对景和借景。以"衡水乐音，恒心致远"为主题，以自然山水园为载体，以古典建筑堂、轩、船舫、复廊、月洞门、围墙等景观配合景石、跌水、溪流、琴瑟湖等形成展园主体，用艺术化的手法表达衡水运河船歌、儒乡礼乐等音乐文化。用古典园林的景观空间唱响音韵和谐之美，拨动儒乡礼乐之弦，让音乐在自然中升起、沸腾、弥漫。

图1

Impression Garden Expo | 印象园博

河北省第三届（邢台）园林博览会
THE 3RD (XINGTAI) GARDEN EXPO OF HEBEI PROVINCE

图2

图3

图5

图1 鸟瞰图
图2 檐下走廊
图3 探音轩
图4 衡韵园
图5 湖面景色
图6 园路

河北省第三届（邢台）园林博览会
THE 3RD (XINGTAI) GARDEN EXPO OF HEBEI PROVINCE

邯郸园
HANDAN GARDEN

邯郸园位于城市展园区，是从南侧主入口进入后首先看到的展园之一，距离北侧主入口和西侧次入口的距离也很近，在宏观区位上都比较方便游客观赏，是河北省城市展园的窗口。

园区从全新的角度发觉创新的设计主题，综合中国古典园林艺术与植物景观营造诗画之意境美，同时融入邯郸丰富的非物质文化遗产赋予空间功能，增加游人参与感。通过丰富多彩的园林景色和气势恢弘的山水景观来表现邯郸的历史文化与城市内涵。

设计以"诗语邯郸·画境山水"为设计主题，将全园分为林壑山涧、河川别院与红岭芳甸3个区域。林壑山涧区利用场地地势，以乔木、山石与溪涧营造深邃幽闭的景观氛围；河川别院区堆山理水、连廊串景，形成丰富的水院景观。红岭芳甸区主要展示观赏草与秋色叶植物，点缀亭、榭等园林建筑，营造野耕秋景的粗犷自然景观氛围。这里，水灵动，为园林增添轻盈动态之美；山沉稳，为园林增加雄浑厚重之美。河川别院在原场地地形基础上挖湖堆山，形成小山跌水景观，传承中国古典园林之美，并且在周围辅以夏季水生植物，其间点缀以轩、廊、舫等园林建筑，分别形成了梅坞花隐、菡萏绣湖、临壁摹泉、画舟捕绿、红雨芳踪等景观节点。

图1

河北省第三届（邢台）园林博览会
THE 3RD (XINGTAI) GARDEN EXPO OF HEBEI PROVINCE

图5

图1 鸟瞰图
图2 园内道路景观
图3 河川别院
图4 红岭芳甸
图5 园内景墙
图6 园区入口

河北省第三届（邢台）园林博览会
THE 3RD (XINGTAI) GARDEN EXPO OF HEBEI PROVINCE

定州园
DINGZHOU GARDEN

定州园利用中国传统造园手法进行空间设计，打造围合院落，营造舒适安静、绿意盎然的古典园林。定瓷的第一印象，宋代五大名窑，"定州花瓷瓯，颜色天下白"，展园设计将融入定州特有文化，多角度、全方位地展示和融入定州定瓷文化。园内随处可感受到定州定瓷文化，提取定瓷的造型、纹样特征等在园林景观的构成要素中进行演绎。从功能布局、种植搭配、小品设计及材料搭配上加入现代景观园林的元素特征，打造"天下大白品定瓷，一花一木读定州园林"的特色园林。

以山水院落为布局，打造"起承转合"的功能分区。起：海棠映瓷，即海棠映瓷、九曲平桥；承：瓷林戏水，即瓷林戏水、瓷艺水亭；转：定瓷水院，即定瓷水院、试院煎茶；合：跌水映楼，即滴水玉盘、跌水映楼。交通流线顺畅，其中两座小桥和一条九曲桥，贯穿全园景致，更能体现水上通行的乐趣。

入口用笔直的御道作为主要通道，两边对称布置花树和景观灯，对景为展园大门，轴线植物和灯具均能体现和定瓷的密切关系。入口景观墙两侧雕刻定瓷雕花图案，左右两边形成对称景观效果，景观效果呼应主题。

沿通道进入，看到的是净瓶雕塑景观，寓意清净、祥和。景观墙两侧放置定瓷雕塑，左右两边形成对称景观效果。植物色彩上主要以白色和浅粉色为主，呼应定瓷雅致的特点。

图1

河北省第三届（邢台）园林博览会
THE 3RD (XINGTAI) GARDEN EXPO OF HEBEI PROVINCE

图1 鸟瞰图
图2 园区入口
图3 园内山石景观
图4 九曲平桥
图5 园内水景
图6 九曲平桥
图7 瓷林戏水

图5

图6

图7

Impression Garden Expo | 印象园博 **127**

河北省第三届（邢台）园林博览会
THE 3RD (XINGTAI) GARDEN EXPO OF HEBEI PROVINCE

辛集园 XINJI GARDEN

辛集园以"南园北筑"为整体设计理念，园区内有廊、台、亭、阁，建筑物依水而建，属于江南风格。建设有梦花堂、广寒榭、明月轩等主要景观，在建设过程中将辛集传统文化融入其中。在景观布局上，辛集展园分为亭廊院落和自然山水南北两部分，以环路组织园内交通。在种植设计上，分为枫林尽染、春花烂漫、松竹常青、桃柳争艳、杉下观鸢和荷莲田田6个分区，以季相明显、特色鲜明的植物组团，丰富园林意境。

展园总面积约8500m²，周围有梅岭、香雪斋等景点环布。辛集文化悠久，人才辈出。辛集素以经商为传统，尤其毛皮二行，行销大江南北。随着商业的发展，明清时期辛集商人沿着长江一路高歌猛进，将货品销售到长江中下游地区。同时也将南方的信息带回了家乡。辛集宅院里影壁上常画江南山水，南北文化的融合和认同，也体现了辛集作为贸易重地的独特气质。在辛集的传统文化中，崇文、重教、融通、共荣特色突出，展现了辛集人民向往美好宜居的江南园林生活的愿想，展园设计立足于灵活多变的空间、自然山水的意向以及文化生活的载体。

图1

河北省第三届（邢台）园林博览会
THE 3RD (XINGTAI) GARDEN EXPO OF HEBEI PROVINCE

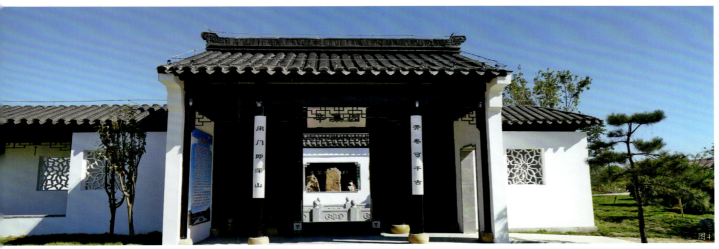

图1 鸟瞰图
图2 临水小筑
图3 长廊漏窗
图4 园区入口
图5 静中观
图6 建筑长廊
图7 园内一角

05

百泉鸳水绽放邢襄魅力
沙丘苑台遥仰古城记忆

BAIQUANYUANSHUI EXPRESSES THE CHARM OF XINGXIANG
SHAQIUYUANTAI RECALLS THE MEMORY OF THE ANCIENT CITY

河北省第三届（邢台）园林博览会
THE 3RD（XINGTAI）GARDEN EXPO OF HEBEI PROVINCE

邢台园 XINGTAI GARDEN

邢台园位于园区南大门东侧，面积达30000m²，是一个完全独立的园区，也是所有的城市展园中最大的一个。设计撷取邢州大地上古往今来的文化精华、风土景致，围绕"遥仰邢台记忆，共创邢台未来"的主旨，凝练出"醉美泉城传古韵，魅力邢台绽新晖"的设计主题，意在通过传统园林的造园手法塑造新时代邢台"上承千年历史，下启锐意创新"的城市形象。

位于邢台园主入口区的听泉馆更是展现了邢台独特的泉文化。在听泉馆后面，就是邢台园最大的水域景观，它复制还原了明代顺德府十二景之一"水涌百穴，甘露争溢"的百泉鸳水。除了建筑景色别具邢台特色外，邢台园的梅花亭、抄手游廊等景观也展示出郭守敬以及《梅花赋》等人文历史。

园区景观分为7个区，即主入口展示区、邢台印迹区、邢台历史名人区、邢台山水文化区、邢台园林文化区、邢台"非遗"展示区、邢台新晖区。在景观布局上"凡诸亭槛台榭，皆因水为面势"，通过一门（泉城艺苑）、一馆（听泉馆）、一廊（千秋廊）、一榭（汇芳榭）、一阁（迎晖阁）、四亭（百泉鸳水、观澜亭、梅花亭、思源亭）、一戏台（畅音台）等园林建筑及景石小品展现邢台园林的精粹，并串联起错落多变的景观空间，给人以步移景异、酣畅淋漓的观景体验。

河北省第三届（邢台）园林博览会
THE 3RD (XINGTAI) GARDEN EXPO OF HEBEI PROVINCE

河北省第三届（邢台）园林博览会
THE 3RD (XINGTAI) GARDEN EXPO OF HEBEI PROVINCE

Impression Garden Expo | 印象园博

图1 鸟瞰图
图2 听泉馆
图3 梅花亭
图4 水景
图5 园区入口
图6 建筑回廊
图7~8 邢瓷印象景墙
图9~10 园内景墙
图11 百泉鸳水
图12 脸谱景墙
图13 畅音台

图12

图13

Impression Garden Expo | 印象园博 141

06

假山叠瀑探寻山林泉趣
曲径通幽静观水波潋滟

EXPLORE FUN OF MOUNTAINS AND
RIVERS IN ROCKERY AND CASCADES
ENJOY THE BEAUTY OF WATER POOL AT
THE END OF A QUIET WINDING PATH

河北省第三届（邢台）园林博览会
THE 3RD (XINGTAI) GARDEN EXPO OF HEBEI PROVINCE

竹里馆
BAMBOO PAVILION

竹里馆位于园博园东南侧中心岛之上，四面环水。西可远眺留香阁，与规划馆隔湖而望；北侧石桥相连，与兰花别院形成串联；南侧与水心榭围合水面，互为对景；东侧沿东华路打开视线，显山露水，其建筑占地3618m²。设计主题为"不出城廓而获山水之怡，身居闹市而得林泉之趣"。展现江南秀丽山水和传统理想居家园林的境界和情景。

竹里馆所处小岛地势南高北低，南侧小山林木葱郁，湖光山色跃然眼前。小岛北侧为一组江南传统宅园，分为中路"宅"与东园、西园3部分。宅为三进院落，由门厅、轿厅、大厅、后厅组成，让游人感受传统起居生活的情景，享"居尘出尘"的隐逸静趣；西园利用形式丰富的厅、水榭、廊、亭、船舫围绕水池布置，用连廊及园路串通，配以围墙、小桥、树木等，形成以幽篁馆、观鱼斋、听雨轩等为主景的不同空间层次，同时外借山水形成"一迳抱幽山，居然城市间"的意境。幽篁馆抱柱联"两枝修竹出重霄，几叶新篁倒挂梢，清气若兰虚怀当竹，乐情在水静气同山"等，将竹与风月相联系，竹之澄川翠干，光影会合于轩户之间，尤与风月为相宜。

竹里馆中路宅院部分，展示当代园林泰斗孟兆祯院士的生平及规划设计成就。孟院士题词"虽由人作，宛自天开"，褒奖园博园对中国古典园林的传承，激励着设计者、建设者更加精益求精、匠心建园。

河北省第三届（邢台）园林博览会
THE 3RD（XINGTAI）GARDEN EXPO OF HEBEI PROVINCE

图1 榆荫山房后厅
图2 鸟瞰图
图3 孟兆祯院士
图4 竹里馆
图5 幽篁馆
图6 砖细门楼
图7 听雨轩
图8 船舫

河北省第三届（邢台）园林博览会
THE 3RD（XINGTAI）GARDEN EXPO OF HEBEI PROVINCE

山水居
LANDSCAPE RESIDENCE

　　山水居位于全园中心偏西南侧，南侧与园林艺术馆相呼应；东侧毗邻丽影湖，沿园区园路打开视线；西侧与石家庄园隔湖相望；北可远眺留香阁，通过水系与留香阁串联，其建筑占地1644m²。

　　山水居设计主题为"仁者乐山，智者乐水"。以两路院落的串联作为全园的骨架；"院"与"园"的两种空间，营造"围合"与"开敞"的景观感受，形成抑与扬的对比，同时也考虑了功能的分布及使用上的要求。山水居以水云居、叠浪轩为全园的活动中心，水云居作为全园的主厅，面对大水面，视线开阔；叠浪轩与翠屏轩、风月亭形成空间上的围合。水云居抱柱联"得山水乐寄怀抱，于古今文观异同，闲云起山涧，野水落云端"等，体现了寄情山水的情怀。

　　山水居展出中国梅花育种成就。在庭院里，设立已故园林泰斗梅花研究专家陈俊愉院士的铜像，以纪念他在梅花研究方面的辉煌成就。北京林业大学副校长张启翔表示将来要利用山水居开展腊梅活动。

　　山水，梅花，一幅古典园林水墨画……

图1 鸟瞰图
图2 晴雪轩
图3 1989年陈俊愉院士和汪菊渊院士在一起
图4 叠浪轩

河北省第三届（邢台）园林博览会
THE 3RD（XINGTAI）GARDEN EXPO OF HEBEI PROVINCE

ZHICHUN PLATFORM

知春台位于全园西南侧岛上，西侧与园林艺术馆隔湖相望；南侧靠近邢台园展园；东侧毗邻丽翠湖；北可远眺留香阁，其建筑占地1135.5m²。设计主题为"山水台地林泉趣，俯水枕石梦邢襄"。

"郡斋西北有邢台，落日登临醉眼开。春树万家漳水上，白云千载太行来。"主厅知春堂与园林艺术馆东西呼应，西为一重檐八角亭与烟雨长堤，长堤下形成叠水。园内小桥流水、假山叠瀑；园外从对岸园林博物馆眺望叠水、重檐八角亭、烟雨长堤、知春堂，形成高低错落、景深丰富的一组园林景点。知春堂抱柱联"春风经燕剪作花，柳色因雨凝成烟"等，似乎让人也感受到了百花似锦的春的气息。

图1 鸟瞰图
图2 知春堂
图3 廊亭水景
图4 青杨宝风

Impression Garden Expo | 印象园博

河北省第三届（邢台）园林博览会
THE 3RD (XINGTAI) GARDEN EXPO OF HEBEI PROVINCE

水心榭

SHUIXIN CHAMBER

水心榭位于全园的南侧中心岛上，四面环水。北侧与竹里馆隔湖而望；沿园区园路西侧与饮静湾相串联；东侧直通迎宾广场，其建筑占地857.7m²。设计主题为"目对鱼鸟，芳草萋萋"。湖中芳洲，面水筑园，引水入园，园内园外水木明瑟。园外，一碧万顷，园内，芳草满庭。通过连廊、景墙将园子划分为3个大小不一的空间，主次分明，开合有度，同时将功能融入其中。

主体建筑（水香厅、沁芳斋、晓烟亭）沿湖岸展开，视线开阔，与湖周边景点形成对景关系。中部庭院以水景见长，建筑隔水相望，池中植莲，香远益清；西部庭院融入禅意元素，翠竹相依；东部以花木见长，四季有景。在未来使用功能中，山水居中部建筑部分，结合陈俊愉院士生平、荣誉、作品及梅花文化作为展示空间。水香厅抱柱联"清茶细品方知味，文章千改始见奇，茶亦醉人何必酒，书能香我不须花"等，清幽宁静，禅茶一味。

图1 鸟瞰图
图2 水香厅
图3 园内建筑
图4 晓烟亭

河北省第三届（邢台）园林博览会
THE 3RD (XINGTAI) GARDEN EXPO OF HEBEI PROVINCE

留香阁
LIUXIANG PAVILION

留香阁位于全园中心偏西边，与园林艺术馆南北呼应，属于全园最高点，可以俯瞰整个园区，其建筑占地241.3m²。建筑层高共3层，一层带四面抱厦，屋顶为十字脊，坐落于高台上，其形式与中国古典园林雏形——沙丘苑台有异曲同工之妙。

各个园林均运用建筑装修、漏窗、月洞门及铺地等园林小品及建筑装饰。建筑装修形体秀丽，雕刻精美，点缀衬托相宜，既能满足功能上分隔空间，又能发挥应有的艺术效果。漏窗采用方形、六角、八角及扇形等形状，形成虚实对比和明暗对比，使墙面产生丰富多彩的变化，在不同的光线照射下，产生富有变化的阴影。小院设置洞门，空窗后设置石峰、植竹丛芭蕉等，形成一幅幅小品图画。园内采用了式样丰富多彩的园林铺装，有的用不规则的湖石、石板、卵石以及碎砖、碎瓦、碎瓷片、碎缸片等废料相配合，组成图案精美色彩丰富的各种地纹。

图1 鸟瞰图
图2 留香阁
图3 室内布局
图4 夜景

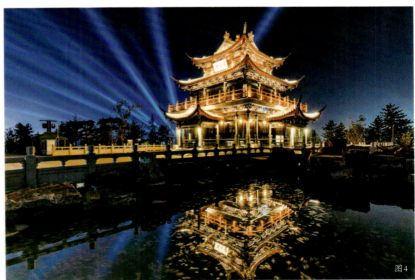

Impression Garden Expo | 印象园博

河北省第三届（邢台）园林博览会
THE 3RD（XINGTAI）GARDEN EXPO OF HEBEI PROVINCE

ORCHID PALACE

兰花别院位于湖面东北部半岛，与周边地块通过桥堤相连，采用了江南庭院式的建筑风格，充分利用其临水优势打造了一个曲径通幽、水波潋滟、庭院隐现式的园林式别院。兰花别院建筑面积4355㎡。建筑功能兼具展示与配套服务，不同功能区相互独立，各自有独立的交通流线及出入口并以景观廊桥相互串联。

图1 鸟瞰图
图2 江南风格庭院
图3 兰花展示
图4 临水园林

河北省第三届（邢台）园林博览会
THE 3RD (XINGTAI) GARDEN EXPO OF HEBEI PROVINCE

盆景园 BONSAI GARDEN

盆景园位于河北省第三届（邢台）园林博览会园博园东部的专类展园区之中。盆景园所在地块西侧为开阔景观水面，西北侧与本届园林博览会的主展馆（太行生态文明馆）隔湖相望；地块东侧为园博园与外部城市空间分隔环状道路与河道，河道外侧（东侧）为城市道路东华路；地块北侧为兰花别苑，其为兰花展示的专类场馆，传统江南民居风格；地块南侧有竹里馆，地道的江南园林组团，作为竹文化及江南园林的展示。

盆景园是本次园博会的盆景相关文化及展品的主题展览空间。盆景园用地面积约4hm²，总建筑面积5830.24m²，建筑占地面积5199.79m²，建筑为地上二层，建筑最大檐口高度9m。盆景园建筑主体为新中式风格建筑，在周边以现代简约的手法营造主体景观，建筑二层设置有屋顶花园。传统与现代相结合，旨在取传统江南园林之底蕴，绘新时代特色的崭新画卷，打造全新的盆景主题展示园。

图1~2 鸟瞰图
图3 主体景观
图4 展示园

Impression Garden Expo | 印象园博

河北省第三届（邢台）园林博览会
THE 3RD (XINGTAI) GARDEN EXPO OF HEBEI PROVINCE

滨湖公园

BINHU PARK

滨湖公园景观带以开放性公共空间为主，以各类水景为主题元素，在区域内布置永久性水景、喷泉节点以及临水性水景设施展示区，场地内水绿交融，实现城市商业空间到园博园内的空间过渡。

图1 傍晚的滨湖公园
图2 湖边廊亭

河北省第三届（邢台）园林博览会
THE 3RD（XINGTAI）GARDEN EXPO OF HEBEI PROVINCE

花雨巷

HUAYU ALLEY

花雨巷位于邢台园博园的西南角，北侧接邻泉北大街，既是西南半园的综合服务中心，又是南侧门户的重大景观节点。作为一个文化建筑组团，场地平缓，用地充沛，设计有着巨大的发挥空间。

花雨巷整合了邢台历史文化建筑风格，建筑材料主要是运用米黄色干挂石材、仿青砖文化石、铝板、金属屋面板等构成现代建筑的基本元素，体现建筑技术与艺术的完美结合。以景观意境为线索，遵循"景园合一"的原则，运用垂直轴线布局，结合周边的地块，设计步行道路系统，形成步行街、广场、水景系列。建筑风格既体现了邢台城市历史文化，也融入了现代主义的理性空间，采用点、线、面成景的方式，参照所处位置及不同功能分割空间，营造一个多功能的、尺度宜人的、具有纯正中式元素的步行街道环境。

图1 鸟瞰图
图2~4 商业街

Impression Garden Expo | 印象园博 **163**

儿童主题乐园
CHILDREN'S PARADISE

儿童主题乐园核心主题面积约10000㎡，以主题化、趣味化、生态化的设计表现手法，打造一处儿童主题乐园。让每个在这里玩耍的人都能感受到自然的趣味，这里将成为儿童自由奔跑、嬉戏、撒野的活力场。

这是一个纯粹的玩水玩沙的乐园，一个具有创造力的艺术性乐园，家长可以放开双手喝茶聊天放养儿童的乐园。院内布置迷宫、沙坑、发光的跑道、手印墙、涂鸦墙、戏水设施、滑梯、跷跷板等，充分调动孩童视、听、嗅、触等感官体验，实现在阳光下奔跑、在绿荫下玩耍的美好愿景。

图2

图1

图3

图4

Impression Garden Expo | 印象园博　165

河北省第三届（邢台）园林博览会
THE 3RD（XINGTAI）GARDEN EXPO OF HEBEI PROVINCE

图5

图1 局部鸟瞰图
图2 攀爬装置
图3 园区鸟瞰图
图4 发光的跑道
图5 迷宫装置
图6 滑梯
图7 休息座椅
图8 迷宫装置

07

太行明珠续写光辉历史
园博精神传承中华文明

THE GLORIOUS HISTORY CONTINUES
BECAUSE OF THE TAIHANG PEARL
CHINESE CIVILIZATION MOVES FORWARD
BECAUSE OF SPIRIT OF EXPO

河北省第三届（邢台）园林博览会
THE 3RD（XINGTAI）GARDEN EXPO OF HEBEI PROVINCE

园博会闭幕式
Closing Ceremony of Xingtai Garden Expo

2019年11月28日，河北省第三届（邢台）园林博览会暨第二届河北国际城市规划设计大赛闭幕。邢台市市长董晓宇出席闭幕式并致辞，省住房和城乡建设厅副厅长李贤明宣布河北省第三届园林博览会闭幕。邢台市副市长张志峰、邯郸市副市长张跃峰等出席仪式。邢台市政协副主席郭和平主持仪式。

董晓宇在致辞中指出，历时3个月的园博会得以成功举办，离不开省委、省政府的坚强领导、省组委会的关心支持、兄弟地市的齐力相助、专家团队的参谋指导、全市上下的协力奋进和建设单位的辛勤付出。本次园博会始终坚持"公园城市"理念，秉承"太行名郡·园林生活"主题，集全省精华文化于一身，将昔日的采煤塌陷区变成了"城市绿心·人文山水园"，催生城市蝶变，让燕赵文化异彩在邢襄大地集中绽放；搭建共享平台，让顶级园林艺术在古老牛城集中汇聚；厚植生态底色，让现代城市理念在大美邢台集中呈现。站在后园博时代的起点上，我们一定把人民群众的新期待融入到未来的城市建设中，以更高的幸福指数回应人民群众的热切期盼，回报广大专家和建设者的辛勤付出，我们要建立健全运营管理机构，进一步优化功能、完善设施、丰富业态，真正打造可游览、可参与、可消费的传世经典之作。

邢台园博园总面积308hm^2，其中建有13座城市展园，5组现代建筑，7组江南古典园林，24座服务建筑，22座景观桥以及106hm^{2}水面和绿地等，同时高度汇集智慧元素，5G应用、无人驾驶等前沿技术成果悉数登场，园博会期间，数十万游客走进园博园，用心感受绿色与发展相互促进、人与自然和谐共处的美好。

Impression Garden Expo | 印象园博 171

河北省第三届（邢台）园林博览会
THE 3RD（XINGTAI）GARDEN EXPO OF HEBEI PROVINCE

图4

图5

图7

图8

本次园博会举办了多项活动，内容涵盖政策、学术、文化创意、商业洽谈、产城融合多个方面，促进了各地市文化交流、民心相通和绿色合作。期间，第二届河北国际城市规划设计大赛、中国园林艺术发展主题展、风景园林学术交流论坛、"我的园博我的家"系列百姓共享园博等精彩活动贯穿其中，给大家呈现了一场视觉、听觉和触觉的盛宴。

闭幕式上，通报了园博会和规划设计大赛相关情况；播放了河北省第四届园林博览会暨第三届河北国际城市规划设计大赛宣传片；邢台市与邯郸市举行了省园博会会旗交接仪式。

图1 园博园夜景　　　　　　　　　　　图7 颁奖仪式
图2 园博园鸟瞰　　　　　　　　　　　图8 园博园水幕秀
图3 观看国际城市规划设计大赛宣传片　图9 城市展园交接仪式
图4 出席嘉宾　　　　　　　　　　　　图10 邢台市市长董晓宇致辞
图5 河北省园博会会旗交接仪式　　　　图11 各界领导嘉宾出席闭幕式
图6 观看国际城市规划设计大赛宣传片

河北省第三届（邢台）园林博览会
THE 3RD (XINGTAI) GARDEN EXPO OF HEBEI PROVINCE

园博园规划设计工作剪影
Highlights of Planning and Design of Expo Park

图1 2018年12月规划设计论坛与中国工程院院士孟兆祯合影

图2 2017年11月苏州园林设计院徐阳院长、殷堰兵总工第一次踏勘场地后，回院及时沟通

图3 2017年11月苏州园林设计院内部方案讨论

图4 2017年12月苏州园林设计院向河北专家领导汇报方案

图5 2017年12月苏州园林设计院向河北省住房和城乡建设厅朱卫荣处长汇报方案

图6 2018年1月苏州园林设计院与河北专家领导交流修改方案

图7 2018年2月苏州园林设计院与河北省建筑大师郭卫兵沟通太行文明馆方案

图8 2018年5月灯光、智能化方案汇报

河北省第三届（邢台）园林博览会
THE 3RD (XINGTAI) GARDEN EXPO OF HEBEI PROVINCE

图9 2018年5月河北省第三届园林博览会总规划师、邢台市自然资源与规划局调研员郑占峰与河北省第三届园林博览会总风景园林师、苏州园林设计院院长贺风春的合影

图10～11 2018年7月河北省副省长张古江、邢台市副市长张志峰与河北省第三届园林博览会总风景园林师、苏州园林设计院贺风春院长讨论园博园方案

图12 2018年2月项目讨论政府推进会

图13 2018年5月河北省第三届园林博览会总规划师、邢台市自然资源与规划局调研员郑占峰在苏州园林设计院沟通方案

图14 结构、绿化专业相关人员与施工单位现场对接

图15 河北省第三届园林博览会总风景园林师、苏州园林设计院院长贺风春研究设计方案

图16 智慧园博现场验收

图17 园博园开幕合照

河北省第三届（邢台）园林博览会
THE 3RD (XINGTAI) GARDEN EXPO OF HEBEI PROVINCE

领导关怀
Ligh-ranking Officials

图4

图5

图6

图7

图8

Impression Garden Expo | 印象园博

河北省第三届（邢台）园林博览会
THE 3RD（XINGTAI）GARDEN EXPO OF HEBEI PROVINCE

图9

图10

图11

图12

图13

图14

图15

图17

图18

河北省第三届（邢台）园林博览会
THE 3RD（XINGTAI）GARDEN EXPO OF HEBEI PROVINCE

图1 河北省省委书记王东峰调研园博园筹建情况

图2 河北省省长许勤与邢台市市长董晓宇巡视园博园

图3 河北省副省长张古江视察园博园建设进度

图4~5 河北省住房和城乡建设厅厅长康彦民视察园博园建设进度

图6~8 邢台市市长董晓宇视察园博园建设进度

图9~10 时任邢台市市委书记朱政学视察园博园建设进度

图11~14 河北省住建厅副厅长李贤明视察园博园建设情况

图15~16 邢台市市委常委宣传部部长戎阳视察园博建设情况

图17~18 邢台市副市长张志峰视察园博园建设情况

图19 河北省住建厅副厅长李振视察园博园筹建情况

图20 邢台市纪委书记李彦明视察园博园建设情况

图21 河北省人大相关领导视察园博园建设情况

图22 河北省人大常委会副主任王会勇视察园博园建设进度

图23 河北省人大相关领导视察园博园建设情况

图24 邢台市自然资源与规划局调研员郑占峰带领专家视察园博园

河北省第三届（邢台）园林博览会
THE 3RD (XINGTAI) GARDEN EXPO OF HEBEI PROVINCE

园博会会歌

画一幅山水送给你

河北省第三届（邢台）园林博览会会歌

女声独唱

1=F 4/4
赞美 抒情地

王殿银 词
申月魁 曲

古老的邢襄 多么神奇 百泉之城写满了诗意
太行的山水 多么秀丽 绿色长廊流淌着甜蜜
卧牛传说 演绎千古神话 郭守敬一颗巨星
园博园荡舟哟 渔歌唱晚 一片烟雨亭阁
闪耀天际 我将这画卷撒向神州 用
又落新区 我将这美景唱成欢歌 在
最美的音符唱出新的魅力 画一幅山水
激情的时刻与你共舞美丽
送给你 送你一份吉祥如意 你从四面八方
走来 我张开双臂拥抱你 画一幅山水
送给你 送你一片深情厚意 我在邢台与你
相约这一刻让你我永远铭记 永远铭
记 永远铭记